地方營造

重塑社區肌理的過去與未來

[策劃] 嚴志明、香港設計中心
[作者] 鄭天儀

拋磚引玉，結合更多同路人

不要少看動念一瞬，您永遠不知道它能夠走多遠。

這正是「生活就是設計」電台環節的歷程。每次大氣電波的訪談、每位嘉賓、每種經驗，都是開啟設計隨意門的鑰匙，門後更是風光無限，天外有天。

生活就是呼吸吞吐的瞬間，我們的節奏、視野、價值觀到行為，都受所身處環境影響。同時，我們亦透過獨有的節奏、視野、價值觀到行為，塑造所身處環境。這種互生互化的關係，如呼吸般存在，生活也就如是。

創造環境，不限個別人士或機構。在不同領域裡，也可以運用設計思維，各施各法，營造更好環境。

本書十三個「社區營造」例子，眾彩紛呈，手法各異，呈現方式不同，卻有共同目標——令生活更美好。

感謝您願意細讀這些個案有趣的個案，希望您無論是肩負哪個角色、屬哪個範疇，都能透過經驗分享，獲得能量，得到啓發，擴闊想像。

我亦期望能在自己的崗位上，繼續與香港設計中心同行，將對設計的認知、議題及討論，持續將聲音轉化為文字，滲入日常，就如呼吸，成為生活的必然部分。

喜見本系列第二部作品面世，希望我們拋磚引玉，能結合更多同路人，走得更遠。

葉泳詩
新城知訊台「世界隨意門」節目主持、監製

用設計創意
扭轉
環境

看過一本書叫《THE 逼 CITY》，書名妙諷了香港核心的土地問題。

彈丸之地難道就要作繭自縛？建一式一樣的屋苑、了無變化的商場、區區雷同的店舖？加上面目模糊的遊人，令人如誤闖結界，不知剎那在何方？

建築從來以人為本，中間的聯繫我認為是設計思維（design thinking）。通過創意，空間（space）可以增值成地方（place），當中最重要是一番營造過程，不知經過多少研究、調查、設計而達至的成果。

為推廣香港的設計創意，二〇一七年底新城知訊台主持及監製葉泳詩小姐，邀請我參與《世界隨意門》節目，與香港設計中心編輯顧問程少偉先生一起構思了一個名為「生活就是設計」的訪談環節。結果一開咪便停不了，還衍生了五個系列，迄今節目仍繼續進行。每隔兩個星期，我們分別找來城中的傑出創意人材、設計師、企業領袖和推動社會創新先驅，分享個人及品牌的成長經歷，而設計思維都成了他們成功背後重要的關鍵。

意想不到的是，大氣電波裡的小小點子分享，最後能集思廣益、集腋成裘，輯錄成文字，記錄一個時代的創意營商思維，於二〇一八年底由三聯書店（香港）出版了《創意營商——設計思維應用與實踐》一書。

新書反應熱烈，也得到社會正面的評價，於是我們便決定再接再厲，把另一個以「地方營造」（placemaking）為主題的系列轉化為文字，分享不同人於城市中妙用設計思維的個案。所以這本書，是設計思維的伸延，以活生生的落地例子，透過 design thinking 營造各式各樣的地方，構建宜居城市。

香港政府把二〇一二年定為「香港設計年」，設計中心曾舉辦「設計驅動改變」（designing change）圓桌論壇，曾特意把「創意城市設計驅動」作為討論議題，引發大家對創意城市的思考。如今節目請過來人，以地方營造為節目重心，把地方創意精神延續下去。

十三位來自香港不同領域的嘉賓，直接或間接參與了香港的地方營造個案，無論是設計、管理一個新落成地標；保育活化了一個古蹟；還是為市民創建一個臨時空間；打造了電車的流動探知館，他們與團隊引發創意，讓一個地方有機自然的發酵，各自散發特色和魅力，都值得香港人深入了解和借鏡。

設計最重要的不是形狀、顏色、價格，而是用家的感覺和體驗。地方營造亦然，勾劃令港人共鳴的地區文化，加上設計思維，會為城市解決不少難題，變得更宜居。最重要的是，生活方式和城市設計是互為影響的，必須與時並進。

空間有很多，但必須透過用心營造，才能成為地方。所有成功的地方營造個案，首要的條件是「容易到達」（accessible），至少是容易被見到（visually accessible）。就像中環的大館，位置很好，門口有七八個，四通八達；古蹟有故事，也有文化背景。

但以西九文化區、饒宗頤文化館等原是相對隔涉的地方，也不是太 visually accessible，故此必須要舉辦吸引的活動，以彌補它的「先天缺陷」，才能鼓勵群眾使用。這些種種的設計，都試圖改變市民使用地方的習性，用設計創意扭轉環境。

第二項地方營造的成功條件，是軟件配套。

最簡單有瓦遮頭，或者是樹底、涼亭，最好是有多元的景色。傳統舊區深水埗如何能搖身變為全城最 hip 的潮人勝地？百年電車又何以成為最有可塑性的地方營造硬件？公園小小的設施的破格，又如何影響社會運用空間的思維，帶動人氣？平時在康文署公園做不到的放狗、玩飛碟、瞓草地、聽音樂等，又如何透過安全設計，透過西九草地吸引觀眾參與（public engagement）？

香港土地供應緊張，但仍有不少有潛力營造的空間，待有識有智慧之士發掘。

天橋底可不可以成為有營造潛力的空間，為市民營造更多 enjoyable 的地方呢？長達七十多公里的中區海濱，可不可以開放十公里做單車徑？鼓勵市民健康步行上下班之餘，也解決中區繁忙時間的交通擠塞問題？

成功的地方營造，可否由官、民、商加強合作達成？我覺得本質歸根於 design thinking，設計思維是良丹妙藥，協助解決很多新世代的問題。

生活就是設計，當你再次處身熟悉的建築時，不妨借用設計師的視野，咀嚼一口設計的韻味。

嚴志明
香港設計中心主席

序3

以人的故事，交換宜人的風景

已故英國首相邱吉爾曾說：「人塑造建築，而建築亦塑造了人。」

建築與人，相濡以沫、依存共生。已拆卸二十六年的九龍城寨如今仍有人替她撰寫攻略、出攝影集、票選為香港十大建築之首，為甚麼？因為人情令這個談不上有建築設計、龍蛇混雜之地添上生命色彩，昇華為香港消失的文化符號。

「建設宜居城市」這口號聽起來很官腔、很政策性，事實無論是創立新地標、保育古蹟、經營一家學府，甚至令一架電車成為流動博物館，這城市的確有不同範疇的設計師、創意人在無孔不入地以設計思維進行地方營造（placemaking）。以人的故事，交換宜人的風景。

新城電台《世界隨意門》監製、主持葉泳詩小姐與設計中心主席嚴志明，每星期主持的「生活就是設計」訪談環節每集都很有啓發性。所以當三聯書店（香港）邀請我為「地方營造」系列寫成書時，我很樂意，並主動要求跟嘉賓們親自再深入面會補充內容，更特意請他們在最喜歡的空間或角落留影。

每位設計思想家跟我分享經驗，都令我腦震盪一番，不能小看設計的力量。

曾經瘋狂地在中環建造了一個沙灘的葉長安，竟然想到百年電車是流動的文化遺產，加上設計把電車打造成新穎的文藝場所；香港建築中心主席陳翠兒曾經以地方營造概念應用於墳場的陰宅，強調建築絕非起樓。

建築以人為本，宜居的空間影響人的情感健康，與歷史和文化融合，散發出市井美學。

有一百三十年歷史的饒宗頤文化館保留了華人「賣豬仔」的悲壯歷史；原來香港藝術中心幾十年前興建時，已構思與彼岸的西九龍文化設施遙遙相對；元創方的走廊是文物，因它是當年警察家庭的小社區；品流複雜的深水埗大南街如何搖身成為文青聖殿？

成功的設計甚至可以成為經濟工具，以「設計帶動政策改變」。知專設計學院的的時裝資料館是一本立體時裝歷史書；市區重建局重建嘉咸街街市時前期工作有血有汗，八十個小販連家人的故事都要傾聽；西九由推倒重來到第一個硬件戲曲中心啟用，第一個敵人是紅火蟻。

香港正面對人口老化的問題，政府還採用通用設計城市很落後。香港聖公會福利協會反傳統以老友記當建築師，按自家需要設計放枴杖或雨傘的凹位公園櫈子；藝術推廣辦事處將全港十八區公園的櫈度身訂造成藝術座椅，為香港城市景觀注入活力。只要動用少許創意，對社會造成大改變。

原來，設計師可以作為政府和商界的中間人。一口設計工作室大膽向消防處申請，在風琴閘上畫了五款設計師字體；利用空舖做社區實驗幫街坊剪頭髮、影家庭照，為城市帶來新意；讓市民更快到達目的地的地圖程式Citymapper，是聯繫空間和歸屬感的一項地方營造。

如何把無生命的空間活化為人性化的地方，改善城市人的生活？大概這十三位參與香港地方營造的故事，加上香港設計中心主席嚴志明的導賞，可以給我們一些創意的啟示和衝擊。

建築，畫在圖紙上可以天馬行空；但要將澎湃創意變現實，便要面對無數挑戰。

這令我想起已故香港著名建築師何弢博士的一席話：「（建築師）最大的挑戰就是面對『死寂』，而能把它化為活的能量。」

穿梭香港大街小巷，設計思維就在轉角，有待大家發現。

鄭天儀
文化藝術寫作人、「The Culturist 文化者」創辦人、
大業藝術書店店主

目錄

地方營造
是一種哲學

PLACEMAKING IS A PHILOSOPHY

二十一世紀的科技城市以創新掛帥，社會不斷演變，經濟與空間營造也有新的嘗試與突破，「創意式地方營造」(creative placemaking) 成為了炙手可熱的都市詞彙。地方營造讓更多的社區居民、創意人甚至藝術家有機會參與城市設計，不但活化空間，也激活了社會上原本絕緣社群的聯繫。

其實「地方營造」(placemaking) 這概念已有四十年歷史。美國舊金山早已把 placemaking 納入市政府推動的政策；日本稱之為「地方創新」計劃，是安倍內閣的重要政策；台灣多年前亦開展了「城市共生」的工程，利用設計思維 (design thinking) 規劃空間；新加坡連公屋設計都滲入文化氣息。

二〇一二年，時任發展局局長林鄭月娥主持起動九龍東辦事處成立儀式致辭時，便強調這涉及四百八十八公頃土地的規劃不是基建主導，而是採用 placemaking 手法。

「概念總綱計劃並不是一份發展藍圖，而是一份充滿生命力，能夠持續吸納民意，不斷優化及演進的政策及行動指南……原因是 placemaking 是一個多層面的公共空間的規劃、設計和管理方法，利用當地社區的資產、靈感和潛力，最終創造良好的公共空間，促進人民群眾身體健康，幸福和福祉。Placemaking 是一個過程，一種哲學。」

如此龐大的市區更新過程，在規劃重建、復修、保育及活化過程，務必結合地區特色，由下而上的集體重新構想和重塑，才能將地方營造成為可聯繫社區、與市民共享的社區空間。

透過此書，你會看到香港十多個地方營造的個案分享，有些是「從無到有」橫空降世的新地標；有些是「錦上添花」的地方改造工程；更有些本身是古蹟，透過設計創意讓它們重生，達至「古今融匯」。如此，讀者可以從不同的面向了解「度身訂造」的地方營造經驗。

地方營造是一門哲學，更是一個運動，以及協作過程，塑造我們的公共領域，以最大化共享價值，鼓勵民眾更加投入社區，宣揚共同改善社區規劃，發揮創意，留意社區的文化認同及身份認同。其實講地方營造不一定是大工程，只要能開發未被充分利用的公共空間可能性，簡單至粉筆畫長少少條行人路、運動場多添一個籃球架，都可以是 placemaking。

Placemaking 概念橫空降世……

Placemaking 概念最早於上世紀六十年代出現，由作家 Jane Jacobs、William H. Whyte 提出城市設計需要針對民眾，不僅是停車場及購物中心，指出社區及公共空間的重要性。七十年代城市規劃師、建築師開始使用 placemaking 字眼，形容興建廣場、公園、噴水池讓民眾開心聚集的做法。

當時英國建築師樓 HTA Architects 的 Bernard Hunt 便一矢中的：「我們有理論、專業、法規、訓示、示範作。我們有規劃師、公路工程師。我們有混合使用的建築、社區建築、城市設計、鄰里策略等等，但最基本的我們缺乏地方營造的藝術（the art of placemaking）。或者換句話說，最簡單的規劃美學。我們擅長建造建築但我們不擅長製造場地。」

外國有很多 placemaking 的個案都很有趣，甚至幾浪漫。隨便可以列幾個跟大家分享一下。

哥倫比亞的多個城市都有開放街道計劃「Ciclovía」，每個星期日及公眾假期早上七時到下午二時，城中主要街道都會封路，不准車輛駛入，馬路路權讓給市民散步、踩單車、玩滑板；公園會設小舞台，讓民眾搞音樂會、瑜珈班、普天同 hea。

這個源自七十年代的政策（原本由一個指示牌開始），令哥倫比亞波哥大一百二十公里的街道每週有二百萬人使用，去 Septima 玩更成為當地一代又一代小朋友的集體回憶。Ciclovía 的成功，更令澳洲、美國、阿根廷、巴西、加拿大、智利、新西蘭、比利時、以色列等都有開放街道計劃。

普天同 hea　集體回憶

紐約市運輸署（Department of Transport）的「街頭廣場」計劃（NYC Plaza Program）可算是完整地賦予民間空間的使用權、參與設計權，以及管理營運權的代表作。計劃是二〇〇七年由紐約市市長 Michael Bloomberg 提出的「計劃紐約」（PlaNYC）一部分，目標是針對性改造並活化使用率偏低的道路，是一個推動以社區為本、由社區倡議和主導設計、而且由社區營運的公共空間計劃，倡議「每個紐約客在十分鐘步程內就找到公共空間」。

在一年一度的公開招募期，任何團體均可以就自己社區的需要，尋找有潛力的空間，並於提交改造建議。政府會甄選合適的項目進行一次性的活動、中期的臨時改造，或是永久的建設。一經審批，該團體即成為政府的合夥人（partner），政府出錢實行改造計劃，而團體需要定期參與設計會議，同時負責社區外展及協調、協辦工作坊、舉行社區委員會投票等工作，甚至日後公共空間的營運。這是個真正由下而上、可持續發展的地方營造模式。

至今 Plaza Program 已經有七十四個公共空間項目正式開放，另有不少計劃正在進行中，政策列明優先處理低中收入和公共空間不足的地區，位於紐約 Brooklyn Brownsville 區的 Osborn Street Plaza 算是一個比較經典的個案。

Brownsville 區出名「三高」（罪案率、失業率、貧窮排名），更一度被喻為 Brooklyn 最危險的社區。Brownsville 人眼見士紳化浪潮直捲 Brooklyn，於是倡議「士紳化由社區主導」（gentrifying from within），希望在外資改變社區前取得發球權，自己社區自己改，委託一家非牟利組織 Made in Brownsville（MiB）設計及規劃社區營造事宜。原來 MiB 的創辦人 Lewis Allen 正是在 Brownsville 土生土長，建築系畢業後於二〇一三年回到社區，並透過社區項目培訓該區青少年設計方面的技術及領導才能，協助他們在創新型經濟中尋求出路，推行社區活化計劃。

Osborn Street Plaza 由二〇一四年開始籌建，嘗試透過活化地區景觀，以社區營造增加青少年公共參與，又利用公共空間聯繫人際關係和增強社區歸屬感，二〇一五年正式開放為永久的公共空間，定期舉辦活動，整個項目由構思、選址、設計到營運都是由社區主導，也改善了不少社會問題。

不要以為 placemaking 旨在吸人，也可吸金，紐約時代廣場（Time Square）就作出了低成本的示範作，證明創意不一定高消費。

食腦的前紐約市交通局長 Janette Sadik-Khan 用油漆和長椅，就改造了時代廣場。她把時代廣場一段百老匯大道改成了新淨、面積為 2.5 英畝的步行空間，根據情況用油漆和長椅重新規劃了空間。

結果，當地設立行人專用區後，車禍的傷亡率下降了 40%、行車時間快了 17%、店舖租值上升一倍、有五家品牌旗艦店開幕，而時代廣場亦躍升為全球十大零售點之一，這個轉變只是有關政策實施六年內所發生的事。後來，她又把這個城市許多龐大的交叉路口重新設計成公共廣場。

其實，地方營造的精神不一定要動用權勢、金錢做「大龍鳳」，只要肯用設計思維或者「地踎創意」，也能改善我們的社區，令生活更美好。

環球經驗　地路智慧

從美國興起的 complete streets 運動，我就覺得概念非常好。運動提倡每位道路持份者包括行人、板仔、搬貨師傅、駕駛者都有權使用道路，「以車為先」的固有馬路概念需重新規劃。迄今美國約三百個司法管轄區已應用 complete streets 政策，將馬路重新界定為公共空間，部分倡議後來更影響城市交通規劃甚至社區發展。

若我們留意自己身處的社區，會發現很多 DIY 的草根版 placemaking 點子，這些非典型的市井都市規劃有人稱為「戰術性的城市主義」（Tactical Urbanism），利用低成本、暫時性方法即時改變社區環境。

葡萄牙的 Umbrella Sky Project 就很有趣，夏天市民掛很多雨傘在街的上空，將整條街變公共空間；土耳其的 Think Micro 是一個迷你水上樂園；澳洲墨爾本的 Ewell of Brunswick 是一個為期八星期的社區 pop up 公園。

香港也不輸蝕，Tactical Urbanism 也非常有創意，例如每年農曆新年年三十晚，由天橋底到地鐵出口，都會變身小販營造的快閃「美食廣場」；西環街坊在正街設置通訊板、漂書櫃；青春工藝在土瓜灣十三街舖前放一部電子遊戲街機；以前油麻地榕樹頭公園晚上大家擔櫈仔聽故事，晚晚來 chair bombing；更有趣你會見到街坊進行游擊綠化（guerilla gardening），利用廢地種木瓜樹、天台種菜等等。當規劃完善的特大城市（megacities）不斷誕生，這些由小市民自發解放空間的民間地方營造示範，不失為一道有趣的鬧市風景。

近年，大數據和科技成為社會發展的重要資產，我也特別注意到 digital placemaking 的應用。

「數碼化地方營造」是使用特定地點的數字技術來促進人們與居住地之間更深層次的關係，從而提升場所的社會、文化、環境和經濟價值，最重要是有意義的體驗，培養城市人的歸屬感。

應用方面，使用者包括在地或潛在的居民、上班族、訪客、僱主或團體，通過固定方式與環境配合，創造如數字信息亭和其他類型的連接街道設施器材等，再通過智能電子設備與市民接軌互動，打造成智慧城市（smart cities）或社區。

最近我遊歷敦煌莫高窟，就讓我感受到 digital placemaking 應用的美好。這個始建於十六國的前秦時期，歷經千多年形成的大規模露天博物館，七百三十五個洞窟各自記錄東方文明和歷史。敦煌研究所先後與美國梅隆基金會和西北大學合作，將國際先進的數碼技術和拍攝方法引入敦煌。

壁畫圖像採集、石窟微環境監測和遊客流量統計、洞窟考古測繪等多個領域都引用在場地，遊客可參觀兩齣 8K 三百六十度的球幕電影先了解莫高窟，親臨洞窟也可以用 QR code 下載壁畫或洞窟圖文並茂的講解，這樣就能縮短遊客參觀時間和對洞窟的潛在破壞。同時，莫高窟監測中心的屏幕上，顯示了相對濕度、二氧化碳濃度等實時信息，如果遊客太多令濃度超標，警示燈就會變紅色，工作人員便能及時採取措施。洞窟也在實驗特製的全自動門，會按天氣和溫度自調百葉簾的開展角度，讓洞窟可睡覺和透氣。

作為一種實踐，數碼化地方營造通過在地的整體觀察，從而利用科技將人與地方及一地歷史文化結合，是市民體驗空間的新方法，影響大規模城市發展和再生項目，或許能協助解決一些「新都市問題」。

緣起……

本書緣於新城知訊台一個節目《世界隨意門》其中一個環節「生活就是設計」系列。節目由二〇一七年迄今已推出五個系列，頭三個系列都是由香港設計中心主席嚴志明親自擔任嘉賓主持，每集邀請一位本地創意先驅、設計師到企業或機構主事人，以自家例子說明設計如何滲入生活，讓大家明白設計、繼而欣賞設計如何提升生活質素。

來到這個系列以「地方營造」為主題，十三位受訪嘉賓各自以自身的營造或管理經驗，分享在香港彈丸之地，如何以設計思維，將人、地方與一地水土文化結合，透過別具心思的硬件及軟件設計，令一個地方可以聚集人群，甚至引發創意，達到地方有機自然發展，變得更有特色和活力。

每位受訪嘉賓我都親自再拜訪補充內容，加上其他國家的例子，整合寫成這書。希望跟大家分享香港以設計思維參與營造的特色空間同時，也加點「人味」，為日後地方營造提供新角度的參考與視野。

正如主席嚴志明經常提到：「要將『空間』（space）轉化成『地方』（place），最重要是人的參與。」

我們就透過這十三個個案，聆聽香港人的地方、香港人的故事……

不少古蹟見證香港歷年來的變遷，

在強調保育同時，更要活化，

透過設計思維讓它們重生，使其得以永續發展。

HONG KONG
ISLAND
CENTRAL
LAI CHI KOK

CHAPTER 1

古今融匯

——集體回憶的新面貌

葉長安　文創移動
陶威廉　元創方
李高凱盈　饒宗頤文化館

百年叮叮盛載的流動博物館

在鬧市中開一扇窗

Hong Kong Island CIRCUS TRAM

天星小輪與電車都是歷史非常悠久的公共交通工具，都是香港活生生的
文化遺產。尤其是電車，它是香港有一百一十五年歷史的流動空間，
從「社會創新」（social innovation）來看，我把電車變成「文化會館」，
在最香港的體驗中談最香港的文化，地方營造的重點不是地方，而是人。

葉長安

文創移動
CIRUS TRAM

創辦人

香港島

「其實本港空間只有錯配，和未有物盡其用，並非完全無地。」

文化項目策劃人、建築師葉長安如是說。

葉長安在香港這寸金尺土、煩囂之地，無論推動建築物活化，還是創造新的空間，都帶點不一樣的出世和反叛，他總愛敞開一扇窗讓都市人透透氣。例如，二〇〇九年，他策劃「DETOUR 設計遊」，在中環變出沙灘，將昔日荷李活道已婚警察宿舍範圍鋪上細沙，市民在鬧市沙灘上穿著泳衣曬太陽、玩飛碟、午睡、排球比賽，完全估你唔到。最後，這地方變成了 PMQ 開放予公眾。為了爭取公共空間，他也試過帶隊踩上商廈放風箏和打邊爐，引起大眾關注，終於令商家還地於民。

「近年不少活化，例如二〇〇六年的中區警署建築群（大館）和二〇〇九年的中區警察宿舍（PMQ），都是我撬開道門！」葉長安拍拍心口道。他在建築界屢次獲獎，包括了二〇〇四年獲不列顛學院（Accademia Britannica）授予羅馬學人（Rome Scholar in Architecture）、二〇〇七年策劃首屆威尼斯建築雙年展香港館，都憑他那一腦古怪而天馬行空的想法。

「城市也要學懂養生之道，先把脈，了解地方建築的運作，恆常保健。遇上不適，先診斷，再推拿調理、下藥舒緩，甚至打針激發，怎樣開刀割脈，也不能置之不理。」認為經多年來港式地產霸權不斷侵食香港的葉長安，曾對香港作出溫馨提示。

「城市更生不能夠頭痛醫頭、腳痛醫腳，修修補補，今天香港最缺乏的是想像力。其實從事創意設計，不是因為天生就有創意，而是從日常觀察，再想到創作。」

香港最缺乏的是想像力

旗未動、風也未動，電車卻在叮叮聲之中緩緩移動。

電車穿梭在熙來攘往的中環，葉長安邊看風景邊說歷史。他說電車是會動的文化平台、流動建築（mobile architecture）。

「十九世紀末香港規劃第一次大型填海，電車軌大部分所處都是填海的邊緣，當時把不同的碼頭連結，是香港最重要的交通系統。那是清朝，一八四二年後香港由軍用基地開始變成一個急速發展的貿易地。如果聊到城市規劃，填海和電車見證著香港發展。只要坐一坐電車，一言不發你也能知曉這是香港的文化。」

我們的電車繞著當年的「維多利亞城」而走，看到香港百多年的變化。「電車這條線是一個 section cut，香港好似一棵樹，填海區一環環，海的反方向是歷史，向海是未來。」唸建築出身的葉長安強調，電車軌是香港的時間表和生命線，希望大家能通過環境體驗產生互動，繼而與地方產生感情與歸屬感（emotion attachment）。

葉長安認定電車是香港最成功的古蹟，所以特意營造了一個由電車築成的「地方營造」示範作。

電車：香港最成功文化遺產

「香港最有品味的城市系統或交通工具，非電車莫屬。電車是在一九〇四年開始營運，是交通工具也是香港最成功的一個文化遺產。歷史建築物有五十年已經很厲害，但電車有百多年歷史，完全沒有停止營運過，這是非常了不起。香港歷史建築物都被拆卸了，但電車竟然仍健全，它本身的可塑性也很高，木結構是一個可以變化很大的素材。」

在大學任教時，葉長安已看到廿一世紀有很多事情都與流動性相關。「不用說得那麼學術性，以前在大學有幾科例如城市設計策略、城市系統，都會研究一些有流動性的系統，大家最容易熟悉的就是公共交通系統，地鐵就是一個城市系統。當然在我們建設城市時，除了建築物外，是有一些事物將它們連在一起。」二〇一三年得到一些政府和基金會資助，花了數年時間，構思、集資、和電車公司商討、建立團隊……終於夢想成真，他把四部電車改裝，成為舞台、黑盒、課室、飯廳。

實驗過後，他再忽發奇想決定將點子化為生意，成立初創企業「文創移動」。二〇一八年九月宣布與電車公司合作，改裝了一部創新文創電車「CIRCUS TRAM」，有冷氣有洗手間，為大眾帶來非一般的城市體驗。「當中都有很多突破，很好玩。希望這個項目長遠營運。」

CIRCUS TRAM 由本地新晉創作人和一批老工匠、老師傅合力度身訂造而成，內裡設有三間主題房，最多可容納三十六人，用途集社交、文化、商業於一身，致力營造最香港的體驗。

天使、魔鬼都在細節中，尤其是看不見的事物。電車當然是用電去運行，平時是用二十四瓦特的直流電，家用是二百四十伏特的交流電。葉長安的團隊與電車公司的老工程師合作，重新設計整個用電系統，對於電車公司是一次衝擊。

「現在有一百六十多架電車，只有一架電車一二〇號會看到一些戰後很早期的藤椅，它的窗身設計也不同。我們設計的電車也會運用藤做物料，沙發參照了十九世紀的設計，搜集了一些百年前的設計作為參照。最重要的不是電車內部，因為電車在街上行駛，所以必須要保留

— 上圖｜五年前，葉長安還在大學任教，與香港設計中心合作一個實驗，改裝四部電車，想不到這個概念，最後成為他創業的實踐，成立「文創移動」。

— 下圖｜車廂仿照舊有設計，承傳電車文化。

露台，當中都有一些提升。香港人很挑剔，大家喜歡有露台吹風，但走進去又有冷氣，看到城市。」CIRCUS TRAM 要新舊融合，所以處理了將近一年才面世，他形容像十月懷胎。

葉長安強調，CIRCUS TRAM 將承傳電車的歷史價值，也能增加電車的輔助收入，讓叮叮維持最經濟實惠的運輸服務。他認為，只要提供一個能凝聚人氣的多元空間，大家自然會發揮創意，發酵成為有趣的地方，讓人有不同的體驗。CIRCUS TRAM 暫時行會員制，未來會透過與不同團體合作，舉辦不同類型的活動、講座甚至展覽，激活為移動的文化場地和展覽館。

葉長安認為，不少在城市的建築物，都有活化潛力：「我希望創造不一樣的空間，可以為城市帶來刺激，我一直是做很多跨界的事情。」頗長的時間在大學教書的葉長安，似是蠢蠢欲動，下海從商，也是以文化和創意作為公司的核心。

談地方營造，葉長安強調是有機的過程、要兼收並蓄。因為一個城市是綜合體，不同人有不同的故事，每個人理解不同地方的不同歷史。

「十多年前講建築物，不好的便一股蠻勁的拆掉或搬遷（例如皇后碼頭、美利樓）。一個城市變得成熟的時候，

— 花過百萬元改裝的文創電車，有冷氣有露台，可供藝術表演，也可變成流動班房、歌劇院，任君發揮創意。

會把更多的關注放在身邊的東西而不只是生存。建築物也要人性化，東西的價值不只存在於功能上，還有包括情感價值等。」他更曾以人的身體健康作比喻：「城市每一趟器官移植，如何利落也會傷了原有社區和空間的脈絡，復元與否更是未知之數。」

修讀建築的葉長安，在大學裡卻更多在教設計、教創新、教設計背後的人文關懷。「我最開心的是可以和學生到社區落地做實驗。我教的科目都是主要圍繞公共領域、城市系統、社會創新。設計不只是美感美學和功能，也是一種文化或一個城市的投射，特別好玩！」

葉長安帶領過學生設計小販檔。「這件事的起點是一個悲劇，就是旺角花園街大火。」大火後，消防處定立了一些使用物料指引，當時的食物及衞生局局長高永文承諾會給檔主資金去更換，只是欠缺了一個防火性能較好的設計。於是，他當時組織了一個跨學系團隊。機電工程師系負責防火設計，社會工作系負責與小販檔主溝通，由小販帶他們走入社群，加上建築師和設計師合作，善用公帑去做了新的排檔。

「當時花園街大火，燒著了簷篷而火速蔓延。我們做了兩件事情，一個是安裝開合式的多層排檔頂，令即使下雨時，小販也不用開雨傘遮擋貨物，多層屋頂遇到火警不容易向上蔓延。另一個是改大門形式的設計，因為大門不容易有空隙，帶動氧氣進去。」當時跨學系團隊與消防處一起到龍鼓灘做實驗，由大學牽頭的計劃得到政府認可，最後免費將設計提供予排檔承造商，實踐設計對社會的貢獻。

我們的專業就是花心

設計師就是喜歡做一些未做過的事情，與醫生律師不同。醫生是專業的，他們做心臟科就是一直做心臟科。我們的專業就是花心。」

二〇一三年葉長安又視大學為一個實驗室，推行了非常有創意的「盛食當灶」計劃。

「我們請了三十位名廚、三十位名人和三十個基層家庭，組成三十組，在紅磡街市收集很多剩材，可能外貌不吸引，但新鮮程度和營養是沒有問題的，但基本上檔攤每日都會丟掉。名廚們將這些順手拈來的材料，立刻變成一碟好吃的菜式。後來我們出版了一本書，並配合營養師去解說這些食譜，宣揚不要浪費食物和減少香港每天三千六百噸廚餘。第二，因為食物開支大，如何令基層家庭用較平價或免費材料去煮一些有營養和好吃的菜式。第三點是最重要的，就是地方營造和 community building，因為尤其在中國社會，『食』是一個聯繫不同人的媒體。透過一起煮食和分享，對我來說是一個對於

— 葉長安團隊在油街實現將廚餘再利用，以「食」連結社區。

community building 的好方法。」

後來康樂及文化事務署在油街實現資助了葉長安團隊做了一個廚房，繼續沿用上述的概念。「在油街附近的社區鄰里有很多酒店、咖啡廳和食肆，也有街坊家庭，每個人的雪櫃和櫥櫃，總有一些剩餘食材。我們以油街實現作為收集站，每天都會煮飯給大家。附近有不少商業大廈，也有住宅，會有人過來吃午飯，規矩是他們需要帶家中剩餘的食物過來。他們今天帶來的食材，就是準備給明天來吃飯的人，是另一種分享。」

計劃一做便是三年，聚集了無數人。「我們以食物作為地方營造的手段，將社區連結在一起。香港人太實際，看一幅畫、聽一段音樂，覺得離地，但『食』關每個人事，容易切入。」

葉長安強調，修讀建築其中一個頗好的價值觀就是有「場所精神」，大學一年級就會教。

「如何去尊重一個地方？不只城市環境，還有人和社區網絡。好多人不明白建築師並非只是令建築物變得漂亮，還包含一種幫人的專業、培養一種對社區的關懷。」葉長安在他的寶貝電車上，嗒著從社區吹來的微風說。

— 二〇一三年，葉長安又視大學為一個實驗室，推行了非常有創意的「盛食當灶」計劃，鼓勵大家莫做「大嘥鬼」。

好多人不明白建築師並非只是令建築物變得漂亮，還包含一種幫人的專業、培養一種對社區的關懷。

由中央書院進化為顛覆傳統的元創坊

保育

Central PMQ

從來，是人創造景點（It's people that make a place）。我會說是新設計師加我們的團隊，讓設計工業可以利用這地方發光發亮。

陶威廉

元創方 PMQ

總幹事

昔日，中上環在下班後的晚上和假日，水靜鵝飛，
最熱鬧是週末作為外傭「姐姐」的派對場。
不過，自從二〇一四年、前荷李活道已婚警察宿舍變身元創方（PMQ），
然後是大館、H Queen's、香港新聞博覽館先後開幕，
連同太平山街興起的文青地帶，中上環的「非繁忙時間」
變得非常繁忙和熱鬧，穿戴型格的潮人、
文青都愛聚集這一帶打卡消費，令整個社區活起來。

元創方成功用小社區的概念營造文化平台，以平均低於市價三成左右租金，吸引超過一百位新晉設計師進駐，不時還有夜市激活社區空間。元創方總幹事陶威廉（William）透露，開幕至今五年，該項目參觀人次已突破一千七百萬大關，成功樹立不一樣的香港文創地標。

小社區概念的「加速器」

「元創方不是一個孵化器（incubator），我會形容它是加速器（accelerator），為初創的年輕設計師提供創意支援，目標是培育更多本地創作企業家及設計師。當然他們也要配合，我們給予平台他們接觸客戶、直接得到商業資訊和援助，他們也要自律，保持七天營運，不能時開時關，影響整個作坊。」陶威廉正色道。

與一般商場或購物中心不同的，是陶威廉要求元創方除展示設計師的創意外，還有 fast fashion 取代不了的「人性化」。「我們希望租戶開放工作室，讓公眾和消費者了解設計創作的價值與魅力，以及付出的心思，加強大家對作品價值的認識和尊重，明白這些手作與工廠大批量下訂單不同，更通過這個運作，與來者互動交流，能夠提高吸引力。」

陶威廉的理據是，香港不能再以製造業作為優勢產業，創意應能夠成為經濟的驅動力。「在培育新生代設計師上，因資源有限，設計學院不能提供作品展示的平台與空間。對設計師來說，『露臉』的機會才是最重要。」

二〇〇九年的《施政報告》提出「保育中環」（Conserving Central）計劃，包括中區警署建築群、荷李活道已婚警察宿舍、中環街市、主教山、美利大廈、新中環海濱，以及中區政府合署。計劃至今剛好十年，作為龍頭項目之一的元創方，是香港絕無僅有的 placemaking 模式，陶威廉細說元創方的前世今生和對公共空間保育的意義。

元創方是一座建於一九五一年的香港三級歷史建築荷李活道已婚警察宿舍，前身是中央書院。它由兩座樓高七層的宿舍組成，總樓面面積達 1.8 萬平方米，改裝後可供超過一百位本地設計師租用作為工作室和商舖。

「中央書院」（現皇仁書院）是香港第一所為公眾提供西式教育的官立學校，孫中山先生據說也曾在中央書院讀書，意義非凡。書院在第二次世界大戰期間受到破壞，才改建為警察宿舍，吸引本地年輕人加盟警察團隊，二〇〇〇年後居民搬到其他地方居住，宿舍一直空置。直至二〇一四年六月二十一日，活化後的元創方正式開幕，「大家想到把警察宿舍（police married quarters）的英文字首拼合為元創方的名字。」陶威廉娓娓道來

PMQ 名字的由來。

「政府有心做 placemaking，令整個社區不只是商業樓宇，有香港個性和前瞻性。」元創方除了工作室出租，還有其他設施如 Co-working space、Designers-in-Residence、推廣飲食文化的味道圖書館、展覽廳及攝影棚等，給創意工作者一個「腦震盪」的空間。

政府土地＋民間資金＝非牟利創意平台

「由政府注資補貼，將舊的建築物活化後再開放公眾，是一貫被動的做法。」陶威廉先想當年、說歷史：舊大埔警署活化成「綠匯學苑」，古老大屋「雷生春」改為集中醫藥保健服務、公共健康教育、歷史文化展覽於一身的「雷生春堂」等，都是案例。元創方的「重生」模式

— 上圖｜元創方現址曾為「中央書院」（現皇仁書院）的校舍。

顯然不同，是顛覆傳統的破格。

「保育這個話題非新詞，但香港地少人多，令香港政府以保育形式去發展的項目不是太多。由政府批地再加民間資金，打造成一個非牟利及培育本土設計師的平台，是別樹一幟的形式。」陶威廉解釋，政府除了批出土地和進行原址的基本結構及屋宇裝備工程，主要的活化及營運元創方資金則來自同心教育文化慈善基金捐贈的一億一千萬港元，之後元創方便自負盈虧。他續指，開幕這四年多來，先後有不同國家的人員來取經，認為這種商業模式很特別，是個新穎的官民合作的活化方案。

如何做到自負盈虧？我好奇。

「25% 用地留為商業用途，作出租商舖和餐廳，供有穩定收入，另外，我們還有 pop up 的展覽室、地面廣場及展覽廳，也會舉辦不同類型的活動如市集等，帶來人流予我們的設計師。」陶威廉說，除了提供租金優惠，元創方的收益還著力用於培育設計師。

「我們表面提供相宜租金給年輕設計師創業，其實背後亦做好多嘢，找市場成功人士去分享、專業傳媒人教年輕創業者寫宣傳稿、找專業燈光師教他們佈置櫥窗和打燈，最重要是帶他們參加外國大型展銷會和時裝週，我們用元創方名義幫他們開拓門路。」陶威廉見證設計師

— 上圖｜當香港於一八四一年成為殖民地，「中環」一帶曾被稱為「維多利亞城」。由漁港蛻變成國際金融中心的二百多年，中環的摩天大廈不斷落成，但仍保留了不少有舊日特色的建築物，融合和演變成為我們今日獨一無二的中環風格。

— 下圖｜元創方現址在一九五一年時改建為第一所為員佐級警員而設的已婚警察宿舍，如今還看得到當年的圓窗。

由當初單槍匹馬、毫無營商經驗的入來元創方，到部分原創品牌已成熟，在大館或九龍區開設他們的分店。

好似二〇一四年進駐元創方的民間建築公司 LAAB 在元創方開店兩年後搬遷。「他們由三位創辦人開始，三年間急速擴張至三十人。由細單位轉為相連單位，到不夠位坐才迫不得已搬走。」陶威廉說。

文首提到，元創方利用小社區的概念營造文化平台，這是項目與其他商場或工作室的不同之處。「所有活動發生在走廊和中庭。」設計師可以利用店外的走廊作展示或舉辦工作坊，「好多活動在走廊發生，與當年警察家庭小社區的生活不謀而合，現在變成了設計師的社區。」

開幕即遇「佔中」 與設計師一齊撐

元創方的發展並非一帆風順，最早便被批評是以保育之名作的批地活動。對此，陶威廉顯然有話說。「政府對我們有監管，項目開始從來都是貫徹培育本土設計師為宗旨，很多時外界對我們有很多誤會，但我們會一直堅持本意，持之以恒。」

陶威廉最記得元創方開幕不久就遇上該機構以至香港最大的挑戰。「二〇一四年九月發生佔中事件，整個中環癱瘓了，元創方當然不能獨善其身，整個中上環區足足有

— 元創方不時會利用地面廣場舉辦市集和不同活動，吸引年輕人來踩旺平時假日水靜鵝飛的中上環區。

三個月像個死城，連品牌租用場地的生意都大受影響。」陶威廉回憶說。奢侈品牌削減開支，元創方是自負盈虧經營，每次做活動就要集資，「有些宣傳別人是看不到的，例如與旅遊書合作，元創方已成為旅客熱點。」

非常時期自然要用非常手段，元創方的應變方法是在週末舉辦更多節目與活動，「同設計師一齊撐，我們沒有大財團撐腰，所有事都要自己爭取、自給自足。」元創方也曾試過舉辦夜市，勾起香港市民對大笪地的回憶。

作為非常時期的非常產物，元創方是一個古蹟保育的 making place，既要不時呈現古蹟的歷史，也要透過多元思考，利用資源和經驗作新嘗試。「頭兩年我們的責任要帶旺個場；之後是把本土設計師帶到海外舞台，現在進入新的階段，繼續關注新晉設計師，為他們創造一個 organic 的實驗場。」陶威廉一副胸有成竹的姿態。

他認為透過地方營造，利用設計促成人與環境的互動，創造出美妙的感觀體驗。由一個社區呈現的城市面貌，體現一地的精神文明，再吸引公眾再發現一地的特色。

最讓人記憶猶新的，應該是元創方開幕不久便由藝術家 Paulo Grangeon 創作了一千六百隻紙糊熊貓，浩浩蕩蕩放於元創方的地面廣場，三個星期便吸引了五十萬人參觀，現時仍未破到這個紀錄。不過筆者最有印象的反而是二〇一一年在元創方未成形前，在這裡舉行「deTour 2011」，在宿舍空地弄出了個沙灘「中環灣」來，又用竹棚搭橋連接兩大廈，展示數十位藝術家作品，那正是元創方能夠成形的「前生」，因為反應很好，致令政府決定利用這個空置了十二年的建築物，打造元創方。

陶威廉以「滿意」來形容元創方的發展，更透露現時旅客佔整體參觀人數的比例由最初的 10%，提升至 40%。「我們一方面向遊客展示香港歷史，一方面亦可利用這地方呈現新晉設計師的魅力。」

二〇一八年元創方更舉行了「玩創夏令營」（WOW Summer Camp），在暑假為小朋友提供創意教育。「透過為小朋友而設的工作坊或活動，將一粒創意種子播放在他們心田，也激發他們的「Problem Solving Skills」（解難能力）、「Creativity」（創造力）、「Collaboration」（合作能力）以及「Self-expression」（自我表達）。」陶威廉認為，每個人都應該有設計思維，智慧型城市更要有智慧的小朋友。「看一個城市，不只是看硬件，軟件更重要，這是文化架構，現在很多人開始在我們的活動中看明白設計的價值（value of design）。」

我在元創方網站看到一則發文，有這麼一句：「設計師的創意力量可以改變一個地方的文化和生活質素，韓國便是一個很好的例子。」創意不囿於身份和職業，對此錯綜複雜的關係，更引人入勝。

CANON
STUDIO
PMQ
H 506

透過地方營造，利用設計促成人與環境之間的互動，創造出美妙的感觀體驗。由一個社區呈現的城市面貌，體現一地的精神文明，再吸引公眾再發現一地的特色。

上圖｜陶威廉強調，元創方是一個為初創的年輕設計師提供創意支援的加速器。其中 Canon Studio 是為元創方租戶而設的攝錄設施，可進行產品或人像攝影及攝錄。另外，設計師可以利用店外的走廊作展示或舉辦工作坊。

下圖｜作為創意地標，元創方也致力孕育創意，暑期舉辦為小朋友而設的「玩創夏令營」（WOW Summer Camp）。

三生三世
饒宗頤文化館

一磚一瓦 傳承文化

為何我們會獲國際獎項呢?是因為我們成功進行了「三保」(歷史、文化、環境),注重本身的地理環境和歷史,用心作最少的改動,同時賦予它一個很合時、就地的用途,而「文化承傳」正是這地方營造的初心。

李高凱盈

饒宗頤文化館
Jao Tsung-I Academy

副總經理

JAO TSUNG-I ACADEMY

Lai Chi Kok

荔枝角

大隱隱於荔枝角山林內的饒宗頤文化館（Jao Tsung-I Academy，JTIA），
毗連天然的蝴蝶谷，平時蝴蝶、蜻蜓，還有青蛙都在這裡繁殖，
它也是我每次想遠離煩囂的不二之選。
這座有超過一百三十年歷史的古建築原本與外界隔絕，
先後成為海關分廠、華工屯舍、檢疫站、監獄、
傳染病醫院和精神病療養院等等，角色迥異，
卻同樣反映著香港的變遷。

古樸的百年瓦頂和老紅磚，彷彿自己會說故事。

這次來訪，饒宗頤文化館副總經理李高凱盈，就向我娓娓道來了一個有關文化館保育的愛情故事。

「對於他們，文化館實在有很大的情感價值（sentimental value）。」李太笑說。Echo 是饒宗頤文化館的員工，在文化館工作期間巧遇了在場擔任保育工作的 Anyway。

兩位同樣熱愛旅遊的背包客（backpacker），不時分享彼此的旅遊見聞，相約一起旅行，最後更在旅途上成為戀人。

他們在二〇一三年八月帶著婚紗和相機展開為期一個月的「蜜月之旅」，環遊克羅地亞、波斯尼亞、匈牙利、斯洛伐克、奧地利、捷克及俄羅斯，在旅途上自拍別具意義的婚紗照。雖然他們結伴走過很多迷人的風景，包括俄羅斯、波羅的海三國、西伯利亞鐵路、印度、伊朗、土耳其、柬埔寨、格魯吉亞等等，但在他們心目中，饒宗頤文化館是見證著他們相遇相戀的地方，所以他們在蜜月之旅後回到文化館，在百年歷史建築的紅磚綠蔭，以及親友的見證下舉行簡單而溫馨的婚禮，成為一個美好的回憶。

「兩位新人都是簡約人士，希望婚禮不在於豪華，而是隨心而有意義的，他們覺得文化館安靜、自然，也蘊藏著香港的文化，非常配合他們的主張。」李太說，新人漂亮的婚照曝光後，陸續有人租用古色古香的文化館作為婚禮場地，變成文化宣言。

談「地方營造」，以當代國學大師饒宗頤教授之名命名的饒宗頤文化館，顯然是香港一個以「文化傳承」作保育的地標性示範，也是「活化歷史建築伙伴計劃」的首批活化項目。李太帶我遊走文化館，邊走邊說著文化館的前世今生，這裡的故事，也就是香港的歷史。

早在二〇〇八年，大家都記得皇后碼頭清拆事件，時任發展局局長林鄭月娥面對大家的訴求，希望保留大家有感情的一些歷史建築物，所以就選擇了一系列建築物成為伙伴計劃。文化館透過舉辦多元化的活動，也就是讓參觀者體驗獨特的香港文化。

荔枝角本身為工商業區，與文化館的園林式設計加鳥語花香的古鎮風味，氣質可謂南轅北轍。

「為何我們選擇這個地方呢？其實這個地方超過一百三十年歷史，是當時隸屬清政府，作為收稅的地方，是一個關界。馬灣有一條地界，我們亦有一個地標，類似地界般形成一條邊界，作為收稅的地方。」遠在一八八七年（光緒十三年），粵海關設立九龍關分關就在這地。李太興奮地介紹，九龍關地界原碑石現仍立於文化館東邊的山坡上，因為地勢有點崎嶇，文化館複製了這碑放於故事館供大家欣賞。「沒有移動過位置的關界原碑，全香港只剩下這一塊，彌足珍貴。」李太繼續說文化館的多元歷史。

豬仔館、監獄、文化平台

這裡後來就租了給英國作為「豬仔館」（昔日內地有不少人被自願或非自願的「賣豬仔」，途經香港出口前真的像牲畜一樣在豬仔館被檢疫）。之後，中環的大館因為人滿於患，所以這裡就變成了一個監獄；再後來，變成了醫院，因為當時香港需要一間醫院。到經濟起飛的時候，大家都變得比較精神緊張，所以這裡又變成了一間精神病院，之後成為一間精神康復中心。「到今時今日，我相信香港市民需要多一些文化氛圍，所以就變成了一個文化平台，開放給不同朋友去運用，以推廣文化，這是文化館背後一個主要的意念。」李高凱盈解釋。

說那麼多歷史，與文化館的地方營造有甚麼關係呢？當然有。文化館現在集餐廳、咖啡室、茶室、展覽館、演藝廳、戶外園林等於一身，當下富人文與自然風貌、保

— 文化館的保育是門艱難的藝術，舊磚外表有瑕疵，會被抽出來倒轉插入，以較完好的一面示人，一磚一瓦保育比現代的建築物，吃力很多倍。

育初衷、匯聚的人、未來會怎樣走下去，全部都跟它的「前世」有關，是一點一滴的沉澱發酵而成，而「文化承傳」正是這地方營造下來的核心。

「因為這個地方，隨著香港發展不斷改變它的用途。我們只是考慮要復修到哪個時期？亦想了很久，要決定當時的建築物如何復修、採取哪個形式？我們最終因為資料搜集，和因應現有的建築物保留了最多當時的情景，最終選擇了醫院時期。所以大家會發現，在山上有一幢幢白色小屋。如果可以保留磚牆的地方，我們都會盡量保留，所以下區有一些很漂亮的紅磚屋，是香港很少有的。」

保育工程　二千樹只斬了四棵

因為文化館原址是磚屋，不是用石屎建，所以一磚一瓦，都希望可以保留像以前一樣，簡約中國風概念貫穿整個文化村。「如果有些磚的外表不漂亮，我們就會抽它出來再倒轉，以較完好的一面示人。除非破爛得嚴重，否則都盡量保留。所以在維修方面，比現代的建築物，是吃力很多。」

說的是逾百年的老建築，硬件未必都能與時並進，必須以軟件去遷就硬件，舉例有些展館還有火爐存留，以往屋宇的結構及設計並沒有預計安裝冷氣，現在開動冷氣會凝聚室內水滴，所以要加裝風扇及抽風機，也要經常處理輕微的漏水問題。

文化館更銳意保育群樹環抱的環境，打造了一個成了四季打卡位的荷花池，小心保護二千多棵樹木，從樹根到樹身，整個保育工程只斬了四棵樹，樹藝師到訪時特別提到館內一棵三十多年的雞蛋花非常稀有。「去年颱風『山竹』肆虐，文化館也只倒了兩棵樹，可見樹木扎根之深厚與保育的成效。」

李太透露，當初文化館的保育意念是希望打造一條文化村，「有展覽、活動的地方，以及酒店，用一個感受到文化的方法去吃喝玩樂。」

文化館在山頂上建有一家有八十九個房間的酒店「翠雅山房」，給外國和香港的朋友居住，以進行深度文化遊。「或者外國的藝術家可以留在這裡居住，即是 artist in residence（駐村藝術家），在這裡開設展覽或一些有關文化的講座，大家也可以透過 QR code 聽聽歷史解說。」此外，公眾也可以在茶館喝茶、品茶、參加茶班，租給團體舉辦退修營或集思會；在咖啡店學沖咖啡。

沒有人，文化流轉不了，地方也不能成功營造。

文化館的場地，如演講廳、演藝廳、可容納約一百人的表演場地，可以舉辦崑曲演繹、爵士音樂會等中西交流

的音樂會，還有一個互動性很強的漢字博物館，推廣文化。「我們亦有舉辦過由街坊演出的話劇，還有市集、工作坊等，希望以不同內容的活動，吸引不同人士參與。」正因它是古建築，文化館特意加建了兩座升降機打造無障礙通道，連接下區、中區至上區，吸引團體或傷健人士前來。

吸引遊客之外，文化館更希望附近的居民來享受這個空間，一邊閱讀一邊喝茶或咖啡。「三月滿山都開滿港產的宮粉羊蹄甲，很多朋友說很像日本的櫻花，不少訪客專程來賞花。」

上圖｜簡約中國風是貫穿整個文化村的概念。所以酒店整個地區有五幢小白屋，叫「琴、棋、詩、書、畫」，共兩層，每幢小白屋內有十九間房。

李高凱盈 ｜ JTIA

— 文化館成為一個文化平台，開放給不同朋友去運用，它的「今生」仍在不斷致力舉辦不同活動，推廣文化。

這亦是我們的理念之一，成為文化綠洲，但這同時又不離社區太遠。我們只是離地鐵站幾分鐘，令大家可以在忙碌的生活之中，上來歇息一下。

不是炎夏的季節，文化館更在每個月的一個星期日，有一個「潮蒲饒館」的項目。希望一家大小或者年輕人可以上來在饒館「蒲」，行行市集和聽歌，造造手作。

李太強調，文化傳承是文化館保育的目的。「當時林太（林鄭月娥）提議，既然饒宗頤是我們的榮譽會長，不如就以他的名字來命名這個地方，以表達他對中華文化的貢獻。我們當然很樂意接受這個提議，饒教授亦不介意，他亦很喜歡這個地方，在生前常常來探我們。所以我們除了做其他文化推廣外，當然要有一個饒公的博物館。」

饒宗頤很慷慨地送了他的一些墨寶和作品給文化館，故文化館亦設了一個博物館去介紹饒公，他本身就是香港文化的活展館。

饒宗頤文化館在二〇一四年拿過建築師協會頒發的「活化再利用」獎項；另外，二〇一五年就拿了日本的「Best Design 100 Award」，獲得真正「把文化活現」的國際認可。「為何我們會獲獎呢？是因為我們成功進行了『三保』（歷史、文化、環境），注重本身的地理環境和歷

— 文化館承傳文化，安排眾多活動，其中當然少不了戲曲表演。

史，用心作最少的改動，同時賦予它一個很合時、就地的用途，而『文化承傳』正是這地方營造的初心。」

現在，饒宗頤文化館建築群已活化為一個地標性的文化平台，回應現時社會對文化發展的需要。「在地方營造上，我們成功摸索了一條路出來，但推廣文化及保育同樣吃力，而且很花經費的事，一步步摸著石頭過河的日子行過了，但日後還是要更加努力行前面的路。」李太在和風和豔陽下如此總結說。

二〇一五年三月，饒宗頤教授（前排右）最後一次來文化館，與「光纖之父」高錕教授（前排左）一同賞花和種了一棵樹，外界稱為「一文一武」的香港成果。

當下富人文與自然風貌、保育初衷、匯聚的人、未來會怎樣走下去，全部都跟它的「前世」有關，是一點一滴的沉澱發酵而成，而「文化承傳」正是這地方營造下來的核心。

— 文化館原本與外界隔絕，保育活化後開放地方，也加入令人溫暖的元素，吸引市民到來，例如新加的荷花池名「天光雲影」，是取自朱熹的一首詩，那句是「天光雲影共徘徊」。

每一幢建築、每一個地區都有其特色與歷史，

發揮創意，加多一點點，

一同將舊有社區改造。

SHAM SHUI PO

WAN CHAI

18 DISTRICTS

LOK FU

FORTRESS HILL

CENTRAL

CHAPTER 2

錦上添花

——化空間為神奇

林欣傑　OPENGROUND
林淑儀　香港藝術中心
劉鳳霞　藝術推廣辦事處
王建明　香港聖公會福利協會
梅詩華　一口設計工作室
陳翠兒　香港建築中心
馬昭智　市區重建局

龍蛇混雜中的藝術空間

編織老區新肌理

有來這社區獵奇的人，喝杯咖啡、看書、看展覽，還會走一圈，看到香港的混合文化。你會一次找到舊年代的書院、布行、武館、詠春教室，找到昔日的香港歷史，那是很有趣的事情。因為這個原因，慢慢融合各階層的街坊，甚至把已經不想到這區的人帶到這區來。

林欣傑

OPENGROUND

創辦人

Sham Shui Po

OPENGROUND

mobilebooks.
360

提到文青氣場，先數中環元創坊（PMQ），再數是太平山街？
飲咖啡、論品味，大概可以走到蘇杭街，
感受那種浪人咖啡師的氣質，
怎樣數也數不到龍蛇混雜的深水埗吧？
但當你走進大南街，卻會忽然感到一種時空錯配的感覺，
在草根味濃的腳底按摩霓虹光管旁邊、
印巴籍搬運工人走過的街頭，忽然有家明淨開揚的地舖，
叫「openground」。

那是個複合式空間地舖，由咖啡廳、獨立書店和創客空間（maker space）小型工作坊組成。中間隔著一家老牌皮革店，就平行而生了另一家名為「Parallel Space」的多元開放空間，專門搞活動和社區展覽，聯同再隔幾間舖的「合舍」，不時被標籤為「文青道場」，令大南街變成 hip & chic 的代名詞。

「深水埗是香港最窮的社區之一，給人龍蛇混雜的印象。最初我們開店時，怕空間跟這個社區脫節變得離地，故想搞一些跟這個社區有關的展覽。後來我們發現刻意去做反而是一種標籤，隨心經營反而做出了人味，令平時不會來這區的人發現這個地方，願意停留在這個社區，這是我們很欣然所見的。」openground 創辦人林欣傑說。

它肯定也成為了香港 placemaking 的親民典範，因為最初林欣傑就是希望設計、藝術可以融入生活，才毅然把店開設在非常麻甩、大家拼命勞動而沒有生活的深水埗。

那是二〇一六年十一月開幕，至今三年，這社區似乎愈來愈有生命氣息。談 openground，大概要先談到它的「前生」，即 Common Room & Co.。

Common Room & Co. 原與書店 Book B 合作經營。二

〇一八年七月約滿時，林欣傑決定獨資營運並一改店鋪定位，集中設計。幾個月後決定以一個全新的模式在原址重開，帶來更多新的想法。他將舖位重新規劃，下層一分為三，售賣設計書籍，中間是 café，後面賣設計商品，上層則用作 maker space，讓人租用 3D 打印機、造模機等工具做創作。

真藝術家 VS 被設計師

談初衷，不能不說說林欣傑的背景。「我完全是一個藝術家，無意間做了些設計，所以就又當藝術家又當設計師這樣。」

在擁有自己的工作室前，林欣傑在香港城市大學創意媒體系任教多年，校園生活讓他燃起了一個小念頭。「我想成立一個地方，有點像大學的 common room ，不同學系的同學隨意來，隨意去。」

最初他的三千呎工作室設於觀塘工業區的工業大廈內，與另一位從事藝術教育的夥伴共同承租一個單位。那座工廈很特別，它離觀塘最大型商場 APM 很近，那個年代開始流行將工廈裡像商場那樣間隔出很多間小型的商店，在政府還沒規管得很嚴的時候，很多做皮工作坊、功夫教室、乒乓場館等小店有機的衍生，充斥工廈，百花齊放。

— 上圖｜樓上空間放了製模機、立體打印機等機器，讓學生或設計師租用工具，後面的空間亦可用來作講座。

— 下圖｜後面的空間曾舉辦過非常成功的展覽，包括《七孔流血》。

「很多剛畢業的同學、放下教鞭的同事，或者離開原本業務的設計師，都喜歡去工廠區找個地方當工作室，然後做自己的創作。」單位當時租金萬多元，樓底又高又空曠，林欣傑卻不想閉關自守，反而想多做工作坊、展覽、公眾活動等，讓無名的工作室有更多可能性。

回想起當初的所作所為，林欣傑以「純粹」來形容。「做裝置藝術基本上毫無阻力，我可以從頭起到頂，十年前應該還沒有 maker space 這個概念。現在工廈都被劏成一間間細房，租金也不能比擬。」二〇一三年，他開始想認真做對外、公開的空間，在觀塘區搬來搬去做「遊牧民族」後，最後成立了「Lab by Dimension Plus」。

觀塘是全港最窮的地區，但隨著起動東九龍的發展，觀塘工廈的租金也慢慢攀升，加上單位易手，新業主加租一倍，林欣傑吃不消，於是想到了深水埗，全港第二貧窮的地區。

把設計帶進生活

窮則變，選擇從觀塘搬到深水埗，因為深水埗是個草根味混雜生命色彩豐富的多元社區，更如垂直的九龍城寨：來自五湖四海的人、新舊貨品充斥、車房後是別家餐廳煮食的廚房、私人補習社旁是教會，有別於世上任何一個地區。另一個因素是，作為藝術家的他不時要到深水埗買材料，理所當然的想到或許工作室可以落地於此。

「就算平時自己來買材料，逛著逛著，都希望有個地方坐坐，然後才再逛。」林欣傑比畫著說：「深水埗很有趣，鴨寮街是必去的，界線就是南昌街左右兩邊。南昌街向長沙灣那邊全是電子材料；向右則全部賣布料，所以我並不是在現在大南街那邊。」

兩代都在深水埗扎根的林欣傑，自比為半個在深水埗長大的人。小孩的時候父母雖已搬離另一區，但由於他們家庭觀念很重，每星期都一定要回去探望一次，閒時也會回到深水埗遊逛，難捨那裡熟悉的空氣。

到深水埗考察期間，第一眼看到大南街的店（現在「Parallel Space」的位置），林欣傑自覺難以承擔租金，便到了青年旅舍雲吞麵（Wontonmeen），跟他們的負責人談在其閣樓做 maker space 和工作室，下面那層的咖啡室是由 Urban Coffee Roaster 經營。可能風水好，大家發展得很不錯，尤其是咖啡室。到二〇一五年，彼此都希望拓大業務，林欣傑就決定搬走。

恰巧看到大南街的現址，又知道業主非常挑客。「他不想干擾到鄰居，曾經有些賣海鮮的食肆想租，但業主覺得太髒會影響隔壁賣皮作和金屬紐扣的商店。每次業主都說一定不會租給做飲食，便利店更不用想。」林欣傑的工作室和咖啡廳業務相對單一易搞，得到業主的垂青，將展示空間 × 咖啡廳 × 書店結合，打造為 Common Room & Co.，再變身 openground。

林欣傑形容，當時 Common Room & Co. 在大南街是有點奇怪，因為大家對大南街印象是比較亂，如今卻忽然文青。

「隔壁做皮作的店也從陌生，到我們每一個展覽都參加，也過來喝咖啡、切蛋糕生果甚麼的；再隔壁賣豬膶麵的最初覺得我們是要搶生意，後來知道原來不是，也變了朋友。」林欣傑認為，深水埗其實需要這個地方，慢慢融合各階層的街坊，甚至把已經不想到這區的人帶到這區來。

回憶開 Common Room & Co. 初期，林欣傑以「很吃力」來總結，大概一年多之後，從事藝術的王天仁突然某天深夜傳訊息給他。

「喂，你附近還有沒有舖位？」

「咦，你想幹嘛？」

— 手作、書加咖啡，是 openground 留人的三寶。

原來天仁一直有個開設展覽空間的心願。曾經太平山街有店舖放售，王天仁想和兩位藝術家一起買一家店去做展覽空間，但當時錯過了；兩個月後，舖位被人買了之餘，周邊舖位的價位還變得很貴。「他見我們玩得這麼開心，當然他不知道我們很辛苦啊，表面風光啦！喂，不如在你那條街找個位置，然後真的找得到，恰巧有一間空舖，但他說他租不了兩層，我說不如合租，慢慢零零散散其他老友記也在附近開了幾間舖，變成大家黏在一起，成了一個連結的社區。」

在香港做 maker space 做了十年，林欣傑坦言不知道自己在幹甚麼。「因為大家都沒有概念，我們都盡量避開這名字，只是用設計的手法切入說這件事。我們做產品設計或平面設計，我們要做樣板，如果還在學校或大公司一定會有模型機、Lasercut 3D print，應有盡有，把上述東西或機器放在一個地方提供配套，把想法實現出來，其實就是 maker space。」

從來，改變不能單靠一人之力，唯有群聚才能集氣，凝聚力量。他更期盼，可以連結周邊城市，讓大家再認識香港新的力量。

同在大南街的 Parellel Space 是做節目和社區藝術；合舍（Form Society）的定位很直接就是藝術界的茶餐廳；openground 是做設計的，讓人享受用時間交流，甚至開會，聯盟之後在協同效應下會產生無限可能性。事實上每次活動或展覽，他們都聯合一起，即使主題不同，也可以互相宣傳。過去幾年，他們搞了無數講座和活動，到訪人潮曾擠滿整條大南街。

「我常形容，像一個攤平了的創意公園或者藝術中心，三個單位大家都互相有關係。」待在深水埗發酵，林欣傑看到整個社區在轉變。「多了很多年輕人來。我們發現到訪的人樣貌很酷，一看就覺得應該是藝術家或者設計師，他們都手挽一袋二袋材料，坐下就開始聊了，有藝術家、美術指導、造型師、服裝師，還聚了一堆電影人是我沒想過的。」

林謙（Kim）就是 Parallel Space 另一個主人，他也觀察到這社區有趣的「有機生長」:「一天進來好多人，但大家都不太說話，下層安靜各做各的，上層熱烈討論。」他形容下層是 co-working 的 silence designer，cafe 上層是 designer meeting room。他們來買材料也需要位置讓他們思考、開開會，所以剛好這個地方就提供了空間，聚了人氣。

賣設計書的書店基本上都倒閉了，林欣傑希望可以用不同的方法經營，尋找新出路，在這個資訊和選擇氾濫的時代推廣自己的想法和文化。「有來這社區獵奇的人，喝杯咖啡、看看書、看展覽，還會走一圈，看到香港的混

林謙（Kim）是 Parallel Space 另一個主人，他觀察到這社區更有趣的「有機生長」，故打造了這個開放空間舉辦不同類型的展覽。

合文化。你會一次找到舊時年代的書院、布行、武館、詠春教室，一次走完一個景點、兩幢大廈，會找到昔日的香港歷史，那是很有趣的事情。」事實上，大南街已成為氣質男女流連穿梭之地。

其實，大南街也滿有歷史，由最初一代宗師葉問四十年代來到設立武館，李小龍在此學武，武館多過米舖；到五十年代新亞書院搬來，充滿文人氣息；後來工業起飛，發展為製衣業原材料集散地。

為了在商業藝廊系統以外打出一條血路，深水埗也呈現更多藝術營運的可能性，出現了不少藝文空間：包括二〇一五年由藝術家李傑與亞洲藝術文獻庫策略發展總監黃子欣（Chantal）聯手創立的「咩事」藝術空間、由藝術工作者何兆南、G、蕭國健創辦的迷你藝術空間「百呎公園」、營運一年的「合舍」和剛開幕不久的 MIDWAY 藝術小店連小型展覽空間 Foreforehead。不過，「咩事」和「百呎公園」已分別結束。

「講可持續發展即係『死撐』，我覺得藝文空間可以做到有盈利繼續發展落去，先算真正成功，一開始就諗點撐、講點維持並唔係一個好嘅諗法。」埋單計數，林欣傑坦言每月未能收支平衡，但賺到社區營運空間的經驗，長遠是否有盈利還看明天。

平時很多人來到 openground 工作和打卡，openground 不時舉行設計對談會、pop up 活動，改變了深水埗固有的形象。

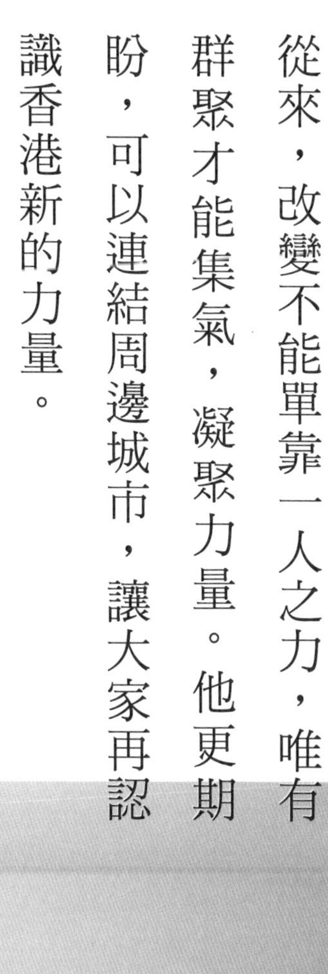

從來，改變不能單靠一人之力，唯有群聚才能集氣，凝聚力量。他更期盼，可以連結周邊城市，讓大家再認識香港新的力量。

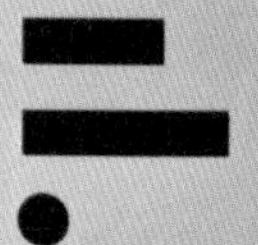

香港藝術中心走入灣仔社區

將藝術「入屋」

地方營造不只規限在一個地點，而是宏觀地要將 placemaking 與外面接軌，最重要的就是如何製造一個國際平台，令他人可以看到香港的藝術家有多好。為香港打開窗戶，去看一個更大的世界，也讓世界看見香港藝術。

林淑儀

香港藝術中心
HONG KONG ARTS CENTRE

總幹事

Wan Chai

HONG KONG ARTS CENTRE

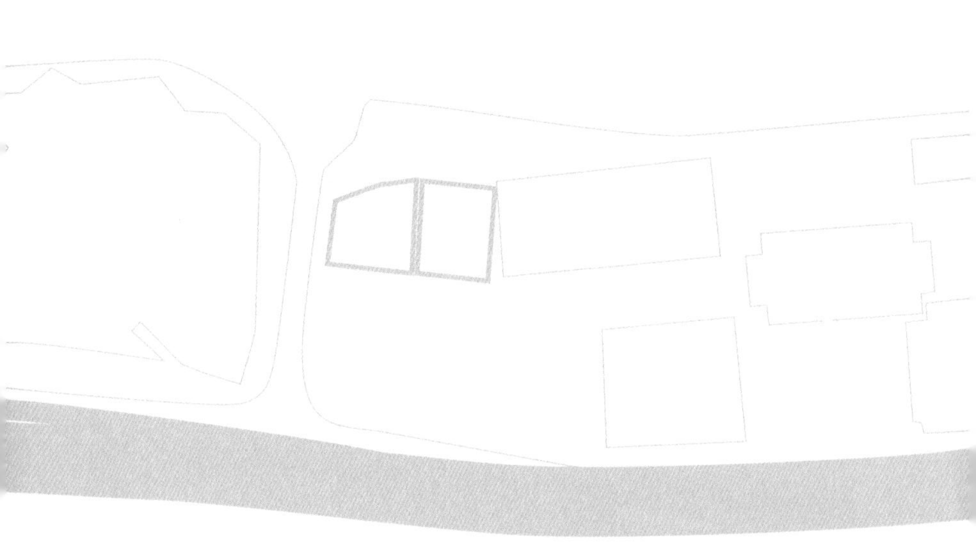

「香港藝術中心本身已是一座藝術品。」林淑儀斬釘截鐵說 。

每天上班，她都不經意的抬頭欣賞藝術中心的穹頂天花，一組由玻璃纖維倒模構成的結構性三角形，晴天陽光灑進室內；雨天煙雨朦朧，滲透出一種含蓄美學。

「藝術中心本身層數不多、地方也很小，但四層樓的空間設計精妙，她跟大會堂都是香港最經典的包浩斯（Bauhaus）建築風格，有劇場、小劇場、展覽廳、戲院、餐廳、書店，造就了整個氛圍，你可以同時對很多事情有興趣。」林淑儀侃侃而談藝術中心的「麻雀雖小」。

每個城市都有空間讓藝術開放給大眾接觸，那是社區地方營造的重要一環。

一九七七年成立的香港藝術中心，是一所多元藝術創意中心，多年來積極將創新前瞻的當代藝術引進香港，同時亦努力將本土藝術家推廣海外。「大家一講藝術和設計就好離地，只有自然流露才有感染力。」

建築的好壞，時間是最好的評判。林淑儀認為營造一個地方，硬件不是最重要，視野才是。「何弢博士很重要，造就了這座建築物。」談到藝術中心的總建築師何弢博士，林淑儀肅然起敬地補充：「當年何博士不只是去設計一個機構，他設計了整個環境，由公共空間到海岸線，打造了一道人文風景。」藝術中心去年慶祝四十週年，特意撥出了一個角落作 Time Gallery，紀念這位香港一代建築師，她也從研究資料中重新認識他。「當年藝術中心有三個很重要的人物，就是何弢、盧景文和白懿禮，我們稱他們為三劍俠。因為他們很想在香港，有一個非政府場地，和由非政府人員建構的藝術機構。」

何弢的多元養分

在何太的幫忙下，團隊發現了何弢博士的一篇論文，裡面提及他構思中的西九龍文化區。「原來何弢博士當時已經在想，灣仔有一個地方，西九龍亦有一個地方，設計上讓他們遙遙相對。所以對我們來說，藝術中心從來不只是一棟建築物。」

林淑儀說，何弢重視的是一種精神：塑造城市的文化面貌。「不是為藝術而藝術，他從來認為藝術是生活，所以需要一個空間，又不只是室內與室外的空間，要走出四面牆。」林淑儀認為何博士的設計有人文關懷，最令人動容。

三劍俠忘我送香港人禮物

團隊也看了何博士當年的構思圖則，填海的地方除了藝術中心，他沒有畫其他建築物，但有畫到如何連貫一些

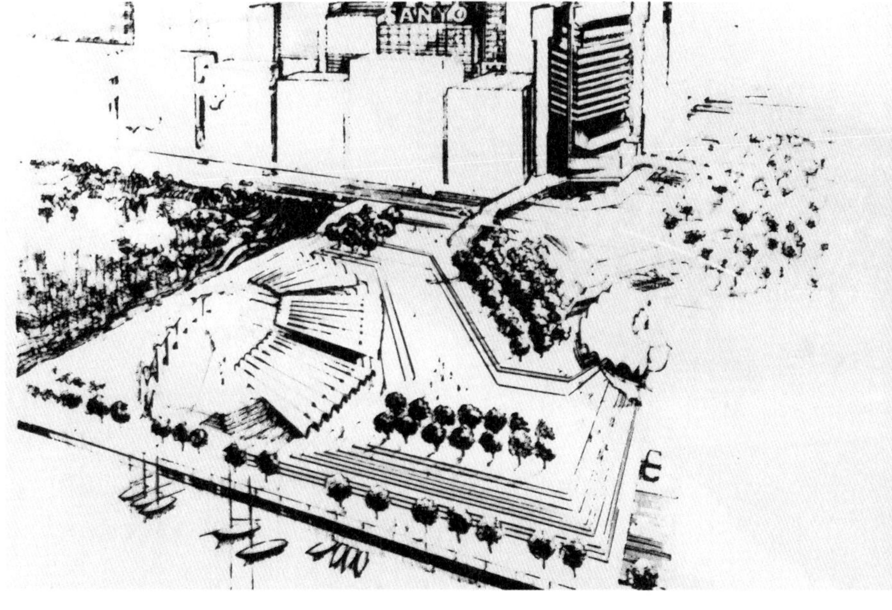

— 何弢重視的是一種精神：塑造城市的文化面貌，當年設計的灣仔，最後變成文化、藝術、生活、娛樂兼備的文化基地。

文娛地方，是如何在海邊發生。

「藝術產生文化，文化又影響社區，聯繫是很重要的。我作為一個後輩，看見一個如此有前瞻性的前輩，在上世紀六十年代已經有這些構思。他將他的夢想帶來香港，還實際地幫忙落實夢想。三劍俠沒有個人利益，造就了如此重要的禮物給香港人。這些身教令我們不同年代的同事，明白設計／地方營造不只是閉門造車，而是一定要對外，跟不同人聯繫。」

何弢在藝術中心未落成時，已經造訪世界各地，所以藝術中心在一九七七年的第一個展覽已經很前衛，有水墨畫，亦有當時在歐美的重要大師的作品，雕塑、平面畫、攝影等都有。「這些就成為了藝術中心的養分，所以我們的視野不只在香港。當你視野廣闊，才能成為一個好的交流平台。」

有機發酵是地方營造的關鍵詞。林淑儀續解釋，藝術中心最初是一個社區的結構（structure），給不同人士自由發揮的空間，慢慢有機發展成為一個輻射性的藝術社區。何弢博士是藝術中心早期大部分展覽的發起人，八十年代初從外國歸來的陳贊雲當年出任畫廊總監，也大量引入外國的攝影作品，同時策展「香港攝影家看中國」攝影展，當時的新臉孔包括馮漢紀、梁家泰、高志強、李家昇等，後來都成為香港攝影界為人熟悉的面

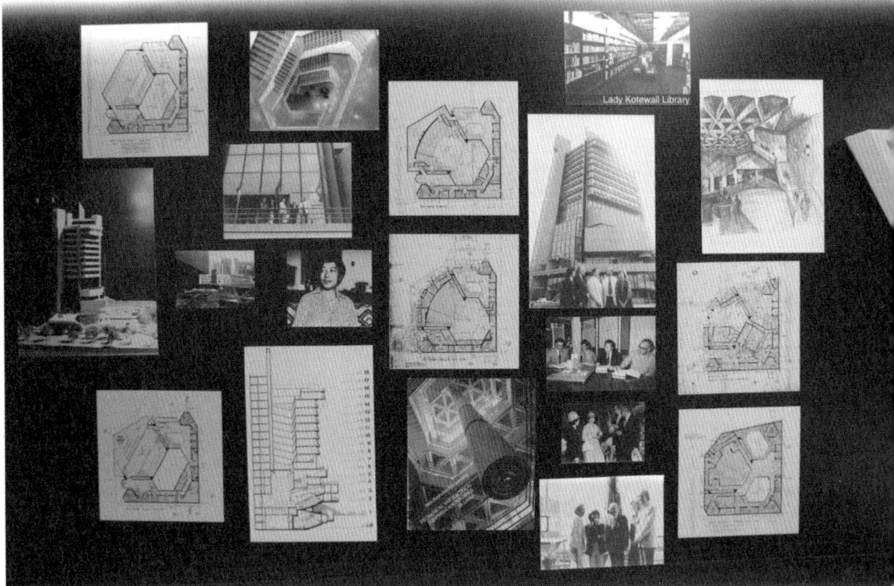

— 藝術中心內展出其歷史及發展。

— 上圖｜為期兩個月的世界性的公共藝術展覽，藝術中心更獲收藏家借出了草間彌生的南瓜。

— 下圖｜林淑儀很希望藝術中心門口可以有街頭音樂，她便跟本土音樂人龔志成商討，在藝術中心對出空地街頭表演，並計劃帶到其他社區。

孔，藝術中心成為當時潮人聖地。

「最早一個展覽由何弢博士當策展人，中外哄動。藝術中心也是香港首個地方既有國際頂級的畢加索的展覽，也有本地藝術家，如陳福善的展覽，令本土藝術與國際接軌。」地方營造的成功，不在於塑造其成為地標，而是不斷變身，替不同時代帶來驚喜，它可以是孵化器、遊樂場、道場，變化無窮。

林淑儀說，藝術中心開闊了她的眼界，讓她見證香港當代藝術的發展。而且很有趣的是，在藝術中心的培養下，慢慢影響了她思考的方法、視野和世界觀。

自二〇〇九年開始，藝術中心對出空地還有街頭音樂。「一開始我和龔志成傾談時，認為如果藝術中心有音樂就好了，當時只是發夢，但發夢之後就發生了，陸陸續續做了很多工作，把音樂還帶到其他社區，屯門、沙田、大埔等等。」最窩心的一次是，中心的團隊到偏遠的屋村表演爵士音樂，林淑儀看到有一些居民，特別是一位年長的女士在跳舞。

藝術不一定離地，它帶給社區歡樂。「我們是可以山長水遠去找觀眾的。」她說。

如何將藝術氛圍帶出去，公共藝術是很重要的。林淑儀回憶，藝術中心是慢慢由小做起，最初就在藝術中心門口開始，之後去到不同的社區，後來更在灣仔至中區的海濱長廊，做了一個為期兩個月的世界性的公共藝術展覽，吸引了逾一百萬人次參觀。

藝術中心——藝術在中心

因為藝術中心的凝聚力，慢慢灣仔再有演藝學院，近十年來 Art Basel、影展、大型拍賣、展覽都在會展舉行，遠一點的有富德樓，每年不是特定的藝術季節，整個灣仔也會很熱鬧。林淑儀形容，藝術中心還有種自然流露的個性，「令灣仔變成一道美麗的風景」。

「與其他藝術空間不同：藝術中心的發展很多元化，不但有展覽、表演藝術，還有有實驗性強的黑盒劇場，全香港也只有藝術中心設有學校，就是香港藝術學院。沒有其他機構看藝術有如此闊度。」二〇一七年，藝術中心以四十週年為契機，重塑品牌、修繕大樓，強化其「藝術在中心」的核心概念。

林淑儀在大學畢業不久後就加入了藝術中心。「我是在藝術中心成長，因為未畢業已經在這裡活動。我看的藝術展覽、聽的現代搖滾（contemporary rock）、看的藝術電影等，都是在這個地方。所以我大學時已經在這裡做實習生。之後，很順理成章地去了一個孕育我對電影、藝術方面有興趣的地方工作。」

有趣的是，孕育藝術中心的灣仔，本身也是一項自然的地方營造。

灣仔的人、唐樓與街道空間的互動，營造了不少有機的地方（organic place），很 hip 的日、月、星街附近有傳統街市和中式廟宇；古老的當舖又會改成人氣酒吧；你能在駱克道找到蘇絲黃的芳蹤，在叮叮路軌上看到香港的今昔繁華。

「舊灣仔讓人目不暇給，不斷吸收香港美學與文化精神。」本身對灣仔充滿感情的林淑儀有感而發。

她自小就在灣仔區長大，她的家、學校及工作都離不開灣仔。灣仔孕育她的藝術生命，她愛在灣仔漫步，欣賞舊建築，初中時也經常到住所附近的戲院看電影，亦愛流連香港藝術中心。

灣仔的有機精彩

相對於「一日一臉」的地區，林淑儀認為灣仔的城市改動相對較少。「灣仔很多地方都很功能化，同時給予我很多學養，她的人文風景對我有很大影響。」林淑儀憶述，少時她就在聖保祿中學唸書，最喜歡由船街穿穿插插到

聖佛蘭士街，到現在還不改早上或晚間到新寧道散步的習慣。

「石屎森林到處都是商場，但新寧道週末或晚上尤其安靜，車少人少，在林蔭和矮房子當中，是我幻想的歐洲風景。有時我會在茂蘿街、藍屋一帶遊蕩，在很不像香港的空間透透氣，我喜歡在那些地方散步。你問我香港最好看的城市風景是甚麼？我會說是舊式的巷、里，它們令城市的肌理變得很美。」

讀書時已特別欣賞唐樓建築的林淑儀認為，舊灣仔最吸引人的是歷史建築。

「在灣仔舊區你能看到不同年代、風格的建築共冶一爐，一個地方可容納五六七八九十年代的設計，卻一點不突兀；有智慧大廈也有舊式街市，當中蘊藏許多生活智慧。」而令建築的社會價值提升，全賴人的參與。

林淑儀認為地方營造必須有人參與，她提到例如藝術家陳福善，令灣仔更可愛。「他就住在灣仔的酒吧街樓上，他本尊和畫都好有趣，是香港傳奇。」林淑儀在畫家過身前，有幸到訪過他的家，直言他是一個很有童心的人，看事情也有他專屬的獨特角度。除了陳福善，林淑

儀也鍾情漫畫，策展了一系列的漫畫展覽，甚至將漫畫變成地方營造的推動力。

「大家以為漫畫已經好普及，其實到現在也有很多人不覺得港漫是有獨特美學的文化一部分，法國視為第九藝術。」當年，她一手促成藝術中心與市區重建局的合作，把茂蘿街七號的歷史建築物變身「動漫基地」，打造一個讓香港漫畫與世界接軌的平台，也是香港首個以本地

— 上圖｜林淑儀一手促成藝術中心與市區重建局的合作，把二級歷史建築「綠屋」變身「動漫基地」，打造一個讓香港漫畫與世界接軌的平台。動漫基地在完成五年租期後，現在已回復「茂蘿街七號」。

動漫為主題的藝術社區。二〇一七年，藝術中心與動漫基地攜手推出「漫遊城市——灣仔」藝術項目，憑藉八位本地漫畫家的生花妙筆，將動漫基地、修頓遊樂場、稅務大樓和香港藝術中心化身為動漫角落。「香港有很多漫畫家，例如小克、蘇敏怡，都曾經居住在灣仔。所以基於種種原因，灣仔就成為一個很特別的地方。」

漫畫是「入屋」藝術、國際語言

林淑儀說，早在二〇〇六年開始是藝術中心很重要的一個步伐，是藝術中心將動畫和漫畫成為一個藝術思維去看待。「以前大家覺得是小孩子或壞青年才看漫畫。中心不停把漫畫文化曝光，希望令更多人看到漫畫的魅力，不只是一本書，而是『入屋』的藝術。」

「在對外方面，漫畫本身是一種國際語言，可以透過漫畫的展覽和不同的城市連結。因為我們的展覽曾經在倫敦、新加坡、赫爾辛基、布魯塞爾、上海、東京、斯德哥爾摩等等展出。我們幫漫畫家在法國和赫爾辛基出書，與藝術家一起成長。

動漫基地前身是「綠屋」，是香港二級歷史建築，讓我印象最深，是它那種新舊融合的歷史感。早幾年站在動漫基地二三層看展覽，會近距離的看到對面舊樓的街坊在曬衣服、做早操，就像威尼斯雙年展民居變身的場館，有種不食人間煙火的感覺。

「對，如果說動漫基地這地方的營造特點，就是我們把生活放進藝術裡，變成 art of living。」

林淑儀進一步解釋：「漫畫或藝術品不應只是收納在博物館或美術館，作品是個基礎，可以在不同地方展示，令作品更入屋。」林淑儀指，藝術中心裡的洗手間放滿了攝影作品也是 art of living 的呈現，「藝術就是生活，生活就是藝術，最重要是讓人不知不覺中已被影響和薰陶。」

藝術中心四十週年旗艦展覽，他們做了一個對未來展望的預告——「Wan Chai Grammatica: Past, Present, Future Tense」（《灣仔文法：過去、現在、未來式》），用灣仔去比喻整個香港，由以前、現在和未來。

「我們看重的是如何將本土文化的建基發揮得更好，會繼續舉辦一些課程和節目，去緊扣這些概念。利用一些非物質文化遺產等去成為當代藝術，並在當中變得更生活化。因為我們將自己的文化融入日常生活，刺激創意，令香港成為一個有個性藝術設計的都市。」林淑儀說。

Hong
Kong
Arts
Centre
Hong
Kong
Arts
Centre
Galleries
Theatre
Cinema
Art School
Art Shop
Cafe
Resta

一組由玻璃纖維倒模構成的結構性三角形，晴天陽光灑進室內；雨天煙雨朦朧，滲透出一種含蓄美學。

— 林淑儀認為一個設計和有美學的城市很重要，她每天上班只要花少少時間抬頭上望，便不經意見到好美的藝術品。

「離地」到「貼地」的社區美學工程

藝術品都可以坐

公共藝術滲入地方營造的計劃，深藏很多意義與面向，好重要，它能創造屬於地方的「社區美學」，進而促使社區活力再現。

劉鳳霞

樂坐其中
CITY DRESS UP：SEATS・TOGETHER

藝術推廣辦事處總監

筲

箕

灣

香港貴為國際第三大藝術交易中心，

但推廣藝術仍是「高難度」行業，

尤其是讓藝術融入社群，讓社群投入藝術，

覺得藝術「離地」的市民更偶爾揶揄：「藝術？我識條鐵咩？」

藝術推廣辦事處總監劉鳳霞便遇過以下情景。

有次她落區巡看一件公共藝術裝置，

一位婆婆問她：「這藝術品值多少錢？不如畀阿婆買米好過啦！」

這件小事讓她重新思考，公共藝術的價值，在「地方營造」的理念和概念當中，藝術扮演一個怎樣的角色？如何最大化公共藝術或設計在城市的共享價值？不致淪為離地的「障礙物」？

正如社會藝術史學家豪澤（Hausser，1974）所說：「最偉大的藝術作品總是直接接觸現實生活的問題和人類的經驗，為當代的問題去尋求答案，幫助人們理解產生那些問題的環境。」

樂坐其中　區區添新裝

談藝術或設計融匯於「地方營造」，劉鳳霞以二〇一七年藝術推廣辦事處籌劃的公共藝術項目「城市藝裳計劃：樂坐其中」（City Dress up：Seats • Together）作為個案回應。政府邀請了四組客席策展人，包括譚漢華、劉栢堅、李宇軒和陳立恒，以及葉晉亨分別協助二十組本地藝術家、設計師及建築師，為全港十八區度身訂造二十組實用與美感兼備的藝術座椅，希望透過藝術和設計元素，為香港城市景觀注入活力。藝術座椅坐落於康樂及文化事務署轄下的公園、海濱長廊、休憩用地及遊樂場所，展期至二〇二〇年七月，為期三年。

「五十四位藝術家來自不同背景，有做建築、設計等範疇的，更有些涉足領域如話劇和作曲，他們能替項目帶來不同的可能性。要成功便要與使用者互動，否則就像孤獨老人。」劉鳳霞說。

從來，市區裡尤其是公園的長椅子都很死板，沒有甚麼想像空間，扶手將長櫈間成幾份，防止露宿者躺睡，也同時限制了市民坐的方式。公園明明是讓人放鬆的地方，偏偏因為櫈子太標準化，最終讓人放鬆不來，坐得很拘謹。那空降一些「爆」的設計不就出位、搞搞新意思了？那並不是計劃的原意。

劉鳳霞說，康文署分為康樂及文化兩個職能不同的部門，當時難得配合香港回歸二十週年的活動，兩個部門一起合作，但畢竟這是香港迄今最大型的公共藝術項目，中間難免需要跨部門的互相理解和磨合。

劉鳳霞回憶：「最初，有康樂部門的同事向藝術家事先表達：其實戶外的櫈已很充足。潛台詞是出於管理的角度，叮囑設計別過分天馬行空，增添安全或管理上的風險和行政程序。其實文化部門的同事也早已跟設計師重申，各自創作時必須以市民需要為大前提，目的是將櫈的功能和美感提升而不是標奇立異地將其改頭換面，社區計劃必須照顧當區居民的需要，樂觀情緒與創意並存。」

官商民跨界合作　獲獎無數

就以筲箕灣愛秩序灣公園為例，訪談那天劉鳳霞就帶我來感受這裡櫈子的妙處，和官商民跨界合作的成果。劉鳳霞跟我各自以自己方式「樂坐其中」，風和日麗下很是愜意。

白宇軒本是一名跨媒體設計師，郭達麟則是一名空間設計師，他們諮詢街坊的意見，共同改造了公園裡的長櫈，拆去扶手柄和靠背，加插高低長短不同的波浪形部件，令長櫈可躺、可倚，讓設計改善了原有的限制。

此外，用巧妙的設計改變扶手和椅背的方向，原本背向草地而設的椅子變得靈活，使用者坐著看到的景觀也可以隨心情切換。新加插的部件讓街坊可貼近地面而坐，雙腳更可自由擺放；在兩張椅子之間加了矮身的櫈，方便街坊圍坐聊天。

劉鳳霞續指，為了作品能更貼地，設計師扭盡六壬收集市民意見。最初拿了一些紙和筆，請街坊畫出理想的公園櫈子，豈料街坊聞紙色變，無人想畫。二人後來決定做一個模型玩具，以壽司蓆模仿椅子木材質，讓街坊自由摺疊出理想的椅子形狀，又配上人形模型測試各人的坐姿變化，結果大受歡迎，收集到許多寶貴意見。當然，也有一些「高見」被否決，例如有些意見希望將櫈

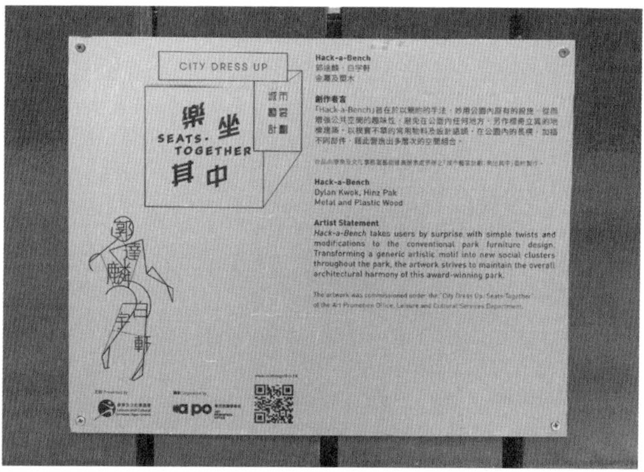

— 愛秩序灣公園的藝術座椅獲得兩個國際大獎。藝術櫈子旁邊也注明了設計的藝術家名字和資料，可以拉近藝術家與群眾的距離。

變成鞦韆和健身器材，「這在時間和成本上都做不到，所以地方營造也要配合實際的可行性。」

劉鳳霞興奮地說：「設計團隊甚至連家傭姐姐的意見都銳意採納，因為她們是康文署轄下的戶外場地假日時最常用的客人。姐姐們表達平日工作坐著休息的機會很少，週日希望坐番夠本，坐得舒服。設計團隊又分別舉辦了幾次的工作坊收集意見，包括扶伯伯去試坐櫈子，以了解不同人士的需要。」

另一組在尖沙咀麼地道花園的櫈子亦甚受街坊歡迎。「每到三點三便會見到坐滿了中年大叔，他們是廚房工人，平時落場時就坐在後巷休息，藝術櫈子成為他們後巷以外的優閒選擇。」

有街坊看到成品就問：「這件是藝術品？很好，藝術品都可以坐！」結果，整個計劃迄今於不同專業領域屢獲殊榮，例如中西區海濱長廊（中環段）藝術座椅《字（自）得其樂》和屯門公共圖書館平台藝術座椅《積・目》便得到香港設計師協會環球設計大獎 2018 優秀獎；愛秩序灣公園藝術座椅《Hack-a-Bench》更得到 IDA 國際設計大獎 2018 金獎；麼地道花園藝術座椅《文化後花園》也得到亞洲設計獎 2018 優勝獎等等。

除上述獎項外，「樂坐其中」其中十組藝術座椅更被收錄於《二〇一七中國公共藝術年鑑》，而計劃亦獲邀參加第三屆中國設計大展及公共藝術專題展，於二〇一九年一月十一日至四月六日在深圳市當代藝術與城市規劃館展出。

劉鳳霞深信，在地設計或地方營造，不可能沒有人的參與和歷史附加值。透過創意令空間變得更好，包括正面啟發空間使用者去善用空間。

「藝術座椅啟用後，我們聯同藝術家團隊舉辦了一系列創意活動，讓市民參與，深化市民對設計的理解，藉此推動社區不同階層人士互動交流，延伸座椅的意義。」活動包括聲音漫步、換物大笪地、木方裝置體驗、親子種植活動、街頭音樂表演、表達藝術治療工作坊、環保燈光藝術裝置創作等等，運用藝術座椅所提供的空間，成功締造了一個讓大眾遊玩、學習和交流的創意平台，是一個地方營造的示範作。

創作過程有喜有悲

好的設計會受人歡迎，同時藝術家又可透過平台把設計實現，是個三贏的計劃。「整個計劃有很實質的認受性，但創作過程還是有喜有悲。」劉鳳霞侃侃而談。

「其中一位年輕策展人在開幕前兩星期癌症復發離世了，

遺下了小朋友。我最深刻是他病重躺在醫院裡，還不忘 WhatsApp 同事詢問進度，非常有心。他還對開幕事宜相當興奮，很遺憾他未能親身參與。」感性的劉鳳霞談起這位策展人，不禁感觸起來。

談到地方營造，劉鳳霞不能不提「油街實現」，英文名是 Oi!。

「這項目是二〇一三年開幕，直到二〇一六年，在數年期間竟然贏了一個非政府組織的選舉，那個組織會選全

上圖｜尖沙咀麼地道花園變身臨時小型舞台，進行生活化的路邊表演。

港最好和最差的公共空間，公投的，油街實現竟然贏了『最正公共空間選舉』冠軍。」她說，這幾年間，同事們都很努力將一個本身中性的空間，賦予一個性格——城市裡的奇異空間——文青可以打卡、休憩、聊天休息、開會議、觀賞藝術品等等。

免費飲品換街坊創意

「當初的想法要夠大膽，有些想法未必可以立刻得到上級的支持，要成功後大家才真正理解。因為油街實現是一個視覺藝術空間，我和同事開初已經覺得要創造一個很生活化的空間，於是我們除了設置展覽廳外，還將一個活動室改造成類似廚房和茶室的空間。市民來到，都會看看有甚麼東西吃，我們也會弄一些飲品。這是免費的，是要和他們交換創意。這也是一個大膽的想法，也比較難解釋，為甚麼在藝術空間裡做了一個廚房出來？幸好得到各方好評，大家最終亦明白計劃的意義。」劉鳳霞笑說。

油街實現一直不只與文化藝術界，甚至與一些很生活化的團體合作。「例如我們最近舉辦了一個與跑步相關的活動。因為香港人很喜歡跑街，我們竟然與跑街的團體合作。可以一邊跑街，一邊運用創意，即跑街到街市，回收一些剩食，帶回油街實現的廚房。」劉鳳霞提到的，是一個叫「盛食當灶」的活動。

「我們在康文署內有一組很好的鄰居——康樂事務部，可能大家不知道，康樂事務部管理超過一千五百個大大小小的公園，所以我有很多地方可以推行公共藝術。其實，城市的空間有很多種，我們現正發掘的是一種被遺忘的存在，但又非常精彩的隱藏寶藏。」

過去兩年，藝術推廣辦事處也做過一個節目叫「邂逅！老房子」，將一些很細小的客家村屋，透過藝術家、設計師的創意，將它重新發掘出來。「我們在去年做了一個活動『邂逅！山川人』，透過藝術遇見大地，重新發現荃灣一條幾百年歷史的川龍村。藝術家、設計師，甚至做口述歷史的歷史學家，將整條村的歷史、文化和隱藏寶藏發掘出來，包括西洋菜田、山水豆腐花和美麗的行山徑。」

二十一世紀的現代，劉鳳霞期待藝術能潛移默化的教育大眾，培養多方面的藝術鑑賞能力；同時更希望藝術與人能在關係中促成更多元化的互動和影響，讓藝術家能利用公共藝術作為溝通工具。

「好的公共藝術開展的不只是形式，而是重新建構人與人、人與地、地與歷史之間的關係，打造新型態的價值主張，使各地方社區建立屬於它自己的文化特色。」劉鳳霞說。

好的公共藝術開展的不只是形式，而是重新建構人與人、人與地、地與歷史之間的關係，打造新型態的價值主張，使各地方社區建立屬於它自己的文化特色。

— 藝術可以帶給人愉悅，透過地方營造，公園變成了一家大細的遊樂場，善用了公共空間，令市民對一個地方更有歸屬感。

劉鳳霞 | City Dress up : Seats · Together

與「老友記」一起動腦筋

自己公園

自己改造

建築師不只服務世界有資源的人，更要幫助貧困、老弱及生活困苦的人！

地方營造亦然，配合設計可以為銀髮族製造多一點

認同和歸屬感，畢竟人口老化是

未來社會面對的最大難題，誰不會老？

王建明

老友記・設計師

Can the Elderly be the Park Designer?

香港聖公會福利協會助理總幹事

CAN THE ELDERLY BE

Lok Fu

樂

富

週末走在樂富摩士公園四號公園的一個角落，兩位小學生正在攀爬一個
兒童遊樂設施，發出爽朗的笑聲，旁邊坐著一家人，有人下棋，有人聊天。
這空間的座椅設計明顯跟公園其他地方不同，
櫈子是有機形狀和流線線條組合，非常新潮。
我留意到長者把長雨傘穩固擺放在座椅特設的凹位，愜意地望著小孩遊玩。
這「人本設計」（Human-Centered Design）的空間又是公共藝術，
在香港難得一見。

「我相信『與民共建』的力量，香港社會的銀髮族人數不斷上升，社會應予以配合，而最好的長者設施應由用家共同設計，老人家最了解長者需要。以前公園用家與政府的關係只是投訴的關係，現在可以變成合作的關係。」

「老友記・設計師」(Can the Elderly be the Park Designer?）一反傳統的理念，出自原為建築師的香港聖公會福利協會（福利協會）助理總幹事王建明。

公園大多數的長者活動區都是圍繞著以安全為主要考慮的健身器材或一式一樣的公園座椅，用家從來沒機會及渠道去表達意見。王建明提出在福利協會社工擔任溝通橋樑的情況下，由使用者設計設施，打破框框。「長者透過參與設計，可以為社區帶來更合適的設施。老友記是社區一分子，他們絕對有 say。」王建明解釋。

老友記：後生無得玩依家有！

八十八歲的趙月優婆婆，是「老友記・設計師」一分子，公園櫈子扶手上放雨傘或枴杖的凹位，就是她的點子，在場更興奮的向我介紹她的設計。王建明指，親身設計也令長者更願意和珍惜使用設施。

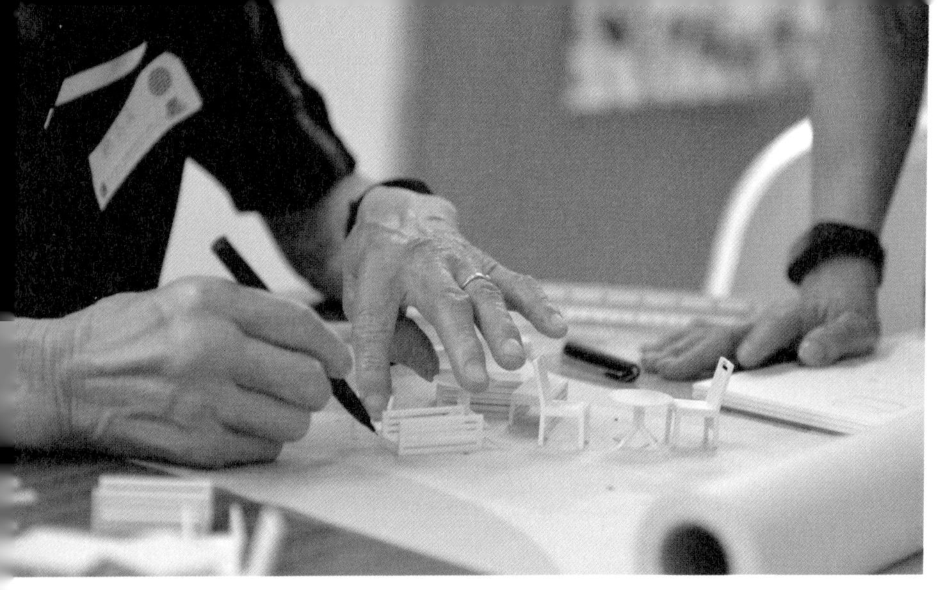

— 長者利用模型動手做空間設計，以及他們動手畫的設計手稿。

「好開心，後生無得玩嘅嘢依家有，幾十歲畀我哋參與地區設計，後生又肯聽我哋講，好多人都唔肯聽我哋講嘢，話我哋落伍。以前落公園無位置同孫玩，我同個仔講我學設計，佢問：『邊個會用？』我話，我提出的意見一講你哋就改咗，所以好開心。」趙婆婆說。

趙婆婆是聖公會黃大仙長者地區中心「長者友善關注組」的活躍成員，經常回老人中心做義工，也定期向關注組表達對社區的意見。王建明希望藉一些項目聯繫社區，深信與老友記多互動，等於替他們做健腦操，社會上需要治療的情況也自然降低。

設計是改變生活的力量。從生活中的細微觀察去感受文化內涵和社會需要，能讓一座城市、一個國家更具宜居的競爭力。

世界上愈來愈多企業開始將設計思維（design thinking）放入社會決策的過程，更有組織藉由人本設計來幫助世界各地的貧窮、弱勢族群改善他們的生活，推動要整個社會由下而上進行。

老友記是社區一分子　所以有 say

王建明近年最關注的社會議題，正是人口老化，建築和設計如何透過地方營造，配合和回應這個趨勢？針對龐大的銀髮市場，外國早已出現老人學（gerontology）研究不同階層老友記的需要。

樂富摩士四號公園裡有機形狀和流線線條組合的櫈子，便是最具代表性的設計與回應。

「變老也是有過程的，進入六十歲是青老人（young old）；七十多歲是中老人（old-old），這椅子流線設計，由有靠背的櫈到無靠背的櫈，可以平衡不同年齡層的需要。」王建明強調，老友記不想被標籤，這是透過工作坊了解不同人需要下的設計成果。

「新生代工作繁忙，很多老人家都有幫忙湊孫，但公園向來的思維是千篇一律的分區設計，老人區放石春路（卵石路步行徑）、健身設施；小朋友的遊樂場又沒有座椅；一家人三五成群去野餐能有地方嗎？設計者有沒有想過幾代同堂 family gathering 時社區如何配合？」

王建明曾經從事政府、公營機構、建築師樓的建築設計項目，最後選擇加入社福機構與社工同事推動社會設計。心細如塵的他也關注到，公共空間的設計未及照顧到長幼共融的需要。而公園是城市中最有社交潛力的開放場所，設施應該鼓勵長幼互動。

此外，藉由居民參與公共事務，可凝聚社區共識，經由

— 樂富摩士公園新設計的座椅設有供長者擺放手杖的凹位，也可以放吊鈎掛包包，新座椅佈局更鼓勵家庭聚會。

社區的自主能力，使各地方社區建立屬於它自己的文化特色與「社區美學」，進而促使社區活力再現。

「跨界別協作能夠鼓勵更多以人為本的設計。更重要的是，長者可以透過參與其中，獲得尊重和認同。」較為健康、富生產力和創造力的長者，通過「參與式設計」能盡展所長，從中幫助自己甚至較弱勢的長者，創造下半場人生。

王建明與一群設計師從老友記口中得知他們希望可享用一個既美觀又有趣的長者友善空間，驅使他們重新構想長者友善設計也可以集功能、外觀和趣味於一身，繼而推出了一系列著重互動性的户外家具，希望以摩士公園為試點，打造一個合時宜的老幼共融公共空間。

他認為，非政府組織（Non-government Organisation）可以擔當橋樑的角色，聯繫專業設計人士和使用者，透過不同的「參與式設計」試驗計劃，小至治療用的訓練工具，推廣至長者中心的室內翻新項目和鄰近社區的改善工程，甚至大型公共活動空間的工作坊等，藉此改良社會的共融空間。

王建明分享說，整個項目由設計工作坊開始大約有半年，在開始時有工作坊給長者了解基本概念，再由老友記畫設計草圖，中段長者更會實地測試一比一紙皮模

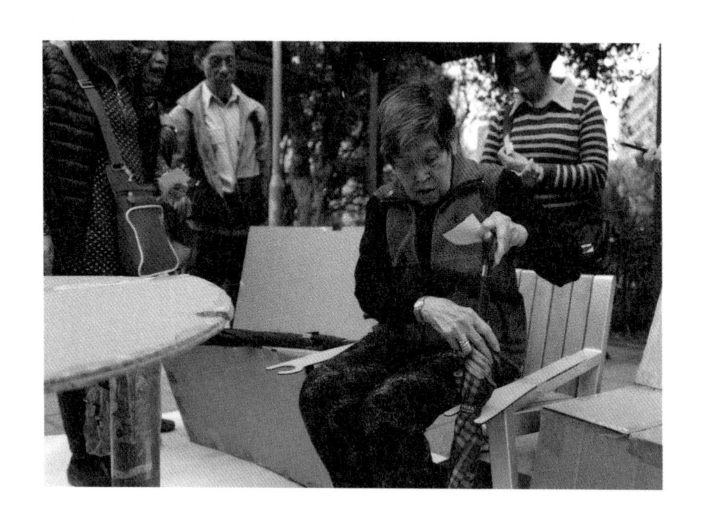

型。在整個工程完畢後，舉辦了一個慶祝派對，同時是一個親子活動。各位老友記看到自己設計的座椅能夠真實呈現出來，顯得雀躍萬分。

「普羅大眾普遍認為設計很專業，對這個字眼比較害怕，覺得自己沒有創意，不懂畫畫。不過，通過社工的聯繫，邀請大家一齊來來『探索』，考一考他們畫畫和答問題，就完全消弭老友記的憂慮。」

談到設計用於地區營造，王建明談到他在福利協會與市區更新基金合作的「九龍城主題步行徑」項目。二〇一一年，時任發展局局長林鄭月娥，倡議在九龍城建一個由下而上的市區更新平台，最後決定做一條九龍城主

— 上圖｜長者實地測試一比一紙皮模型。

題步行徑。

「其實就是一條 6.5 公里的步行徑，由九龍城寨開始，有五個路段，最後就是去到紅磡觀音廟。沿著路徑，我們希望翻新一些地磚、扶手、欄杆，甚至一些指示牌和路牌，在適當的位置加入一些公共傢俬，令整條步行徑既有歷史感和文化，亦可以更新整個地區。」

所謂「由下而上」，即是地區參與。「這絕對是一個創新的項目，很多時大家都只以為是找一些工程師、設計師和承建商翻新一些硬件，但市區更新基金撥資源去做軟件方面，聘請有舉辦活動經驗的同事，每星期舉辦工作坊和導賞團給長者和社區。」

用導賞作為切入點，在過程中問街坊一些設計的想法，這樣既親切又生活化，導賞過程還會加入一些歷史和文化元素，令大家思考在設計上如何帶出歷史感、文化和地區特色。

「其中舉辦了一個一百五十人的社區設計工作坊，小朋友和長者都有參與，也邀請了當區議員一起參與。居民提議了許多想法，例如街道上有很多花盆，可否騰空一兩個位置作休息之用？」

步行徑地圖是另一個匯聚街坊智慧的例子，平常的街道地圖都是十分普通，選擇以地標作標誌。項目的社工提議可否在地圖上設兩個版本，一個版本是給旅客用的，另一個是「地膽導賞版」，因為社區「地膽」知道當區很多特色地方。這設計讓所有相關舖頭和地方都可以凸顯出來，每半年更新一次。「相信有很多外地遊客，尤其是喜歡參與 secret tour 的，都會很有興趣。」

現代化最重要不是硬件

這是第一步，王建明希望可以訓練一至兩位沒有修讀設計的「地膽」街坊，帶動市民參與地區營造，令設計更容易走入和融入社區，而且更為貼地，社工同事取名「設計顯關懷」。「現代化最重要的不是硬件，而是如何透過硬件和設計令長者的生活現代化，社區會所是重要的資源。」於是，他們設計了很多特色的社區中心，包括有半圓形房間，讓老師站在中間，小朋友可以線形地躺在地上聽故事，又不會被外界影響。

「在公屋的社區中心有一根大柱阻擋，所以我們包著這根大柱，設計了面見房給大家做登記。大家都覺得這間橢圓形房間很新穎，隔音比較好，甚至內裡的設計都很像新一代的會所，令大家感覺有所不同。」王建明說，透過硬件和軟件翻新，真的吸引更多人使用社區中心，透過小小的設計點子，讓社區跨代連結互動起來，就是「人本設計」的精髓。

參與式設計在貧窮地區的經驗

早在二〇〇九年，王建明已經開始在柬埔寨、尼泊爾、印度等第三世界地區以參與式設計建設孩子的校舍。王建明是 IDEA 基金會創辦人及主席，項目推廣人人參與設計（Involve in Design，Empower with Action），每年招募香港及世界各地的義工，到落後國家與當地學生進行設計工作坊，動手做，灑汗水，用團隊的力量建造孩子喜愛的校舍，令他們每天都想來上學。

十年來，以近五百名義工的力量興建了二十座作教學用途的建築，受惠的孩子多達三千人。「IDEA 校舍讓孩子參與，每所校舍都有屬於他們的設計，讓他們增加對學校的歸屬感，學生的缺席率自然減少。」王建明分享，「義工在透過合作和動手落實設計的同時，豐富了自己的人生體驗。」

設計的力量

王建明深信：

1. 設計作為服務的解決方案
（Design as a Solution for Service）

設計可以提供改善空間環境的方案。對於生活空間及居住環境，不同服務使用者有著不同需要。透過設計，我們能因應不同使用者的需求而建設空間環境，將不同的人及專業接連，推動人性化設計。

2. 設計作為服務的體驗
（Design as an Experience in Service）

設計是生活的體驗。人、環境、設計三個元素，構成一個三角互動的體驗，透過「參與式設計」，服務使用者能進入設計流程之中，營造社區參與精神和建構人本社區，透過參與設計過程，增加歸屬感。

3. 設計作為尋找服務中的美
（Design as a Pursuit of Aesthetic with Service）

設計對美的追求。美並不是設計的附屬，而是設計的本質，亦是人類一直追求的東西之一。人類獨特而崇高的美不時在設計中衍生及流露，結合人本需要，發揮人與環境互動的真善美。

著名日本新生代設計師佐藤大分享過他的成功之道：「多嘗試思考跟自己無關的事情，努力化己為人，站在他人的角度看問題。」王建明顯然認同這個概念，而他也一直努力 walk in someone's shoes（站在某人立場想），來幫助改善大眾的生活，尤其社會上的銀髮一族。

— 新增的兒童遊樂設施鼓勵長幼共融，不再分老人區、兒童區，
而是能一家人共享天倫。

設計是改變生活的力量。從生活中的細微觀察去感受文化內涵和社會需要，能讓一座城市、一個國家更具宜居的競爭力。

作為溝通橋樑和實驗場

不斷聆聽與改善

所謂 placemaking，p 代表 place，同時也代表 people。所以地方營造的理念是 interconnecting people，不只是設計，而是策展，令城市更多元，才能將空間變成地方。

梅詩華

一口設計工作室
ONE BITE DESIGN STUDIO

設計總監

18 Districts ONE BITE DESIGN

十八區

八十後建築師梅詩華的一口設計工作室（One Bite Design Studio），
大隱隱於上環樂古道的巷弄地下。
整個小社區大都是賣古董，
她的工作室格外新潮，理應頗為突出，
但滂沱大雨中 google 不靈，
我像迷失於結界一直找不到工作室，
最後被門口放置的一台特別的黃色三輪車「引渡」，
終於找上。

那三輪車蘊藏故事，所以三年前以裝置形式參與展覽《築自室》（Reveal exhibition）後，梅詩華不忍把它丟掉，就一直放在工作室門口，順便可以提醒自己設計的初心。

這件展品曾被不同團體和環保組織借用過，停泊過在不同街角，有人當它是桌子放東西、有人倚著講電話，更試過泊在上環近普慶坊附近暗角時，便成為了午飯時間上班族的公共餐桌。梅詩華看在眼裡，這不正是無心插柳的 placemaking ？

梅詩華認為，「人的地方營造」不時會與「物的地方營造」互動。透過觀察，她關注到正式空間（proper space）中的一些虛位（void），其實有潛質作地方營造的不正式空間（improper space），這輛三輪車便是很好的例子。

我特別愛觀察深水埗的非正式空間，覺得那是個很有生命色彩的寶地。例如在福華街與南昌街交界的街頭，有市民在配電箱與建築地盤的臨時圍欄夾縫中放置了一些置物箱；在銀行未開門時，在遮陰的空間坐下來休息和朋友吹水；電燈柱變成了街坊的通訊板，貼滿不同的分類廣告或租房字條。

梅詩華是一位關注社區建築的建築師，二〇〇九年英國建築碩士畢業後便回港發展，二〇一四年毅然辭職，創辦「一口設計」（One Bite Design）並擔任設計總監。除了建築及室內設計、藝術及公共裝置外，工作室亦同時開展「一口舍群」（One Bite Social）及 One Bite Research 項目，繼續以社區為服務對象。

她第一次落區做社區實驗，就在深水埗。用一個屬於朋友家的「吉舖」做了一個月的社區活動，更準確是社區實驗。

那是二〇一七年的「壹屋計劃」（Project House）。一口的設計師喜見附近有很多吉舖，因為有機會可以去設計，但同時大家又知道，若一條街愈來愈多吉舖，證明愈來愈少人會去行，等於整條街道的人氣，甚至整個社區的氣氛就會很薄弱。

「因為人很聰明，只要看到這裡有一個吉舖，明天就不會再經過這個位置，所以人氣會愈來愈跌。同時，我們有一些合作社區單位，常常都會覺得他們的中心不夠空間。於是我們就有很多新想法想去嘗試，可不可以去運用這些地下吉舖，重新帶來社區生活，同時活化整條街，帶來雙贏？因為愈多人來，才會重新聚集人氣。」

於是，他們就在深水埗朋友家的吉舖做了一個月的嘗

試。「他繼續放租，我們把握時間去嘗試一下，與二十三個單位合作和策劃了四至五個星期的社區活動。我們不只將社區活動帶過來，而是做一些社區實驗。」

作為設計師，一口團隊替店舖設計了一件組件，令它可以放在舖面和「偷偷」延伸至街外，既可坐也能做展櫃。「我們有一些活動是幫街坊剪頭髮、影家庭照。在舊區，有一些家庭未必能負擔出外影學生相和家庭照，原來很多人更未試過。」

不只吸引街坊關注，連團隊都驚訝，原來一個空舖和地下空間，可以做到許多事情，令到社區更緊密。「我們有一個 VIP 小朋友，他第一天來影相，第二天來剪頭髮，之後來拿文具，後來再幫我們宣傳，成為了我們的宣傳

— 上圖｜梅詩華憑著活化石硤尾街市設計方案，奪得青年建築師獎，她的事業方向以社區為重，希望從多元方向考慮城市規劃。

大使，吸引更多街坊親近我們的空間，開始關心我們在做甚麼？」梅詩華興奮地說。

經驗令團隊更明白社區的需要，測試對整個社群的聯繫很有幫助。在深水埗之後，一口在灣仔亦有兩次嘗試，亦是用類似的模式去實現理念。

所以，地方營造不應有「前設」，「要開明（openminded）地去觀察與接受，不能抹殺或漠視任何用家的需要。」梅詩華說。

香港建築師何承天講過：「你必須覺得工作有意義，才會用心去做。」梅詩華顯然是認同的，也是她毅然創業的原因。

一口的業務範疇有別於一般正規的建築師樓，連工作室的名字也明顯破格。

「當我開始創業要取名字時，不想立刻給人一個建築設計的感覺，因為對社區而言比較遙遠。所以我用了很長時間思索，經歷了十幾次的改動，就覺得不如叫『一口』。因為『一口』的第一個感覺就是吃東西，而食物是最容易令人打破隔膜的。」

梅詩華強調，他們提倡的就是，有些人可能本身不喜歡

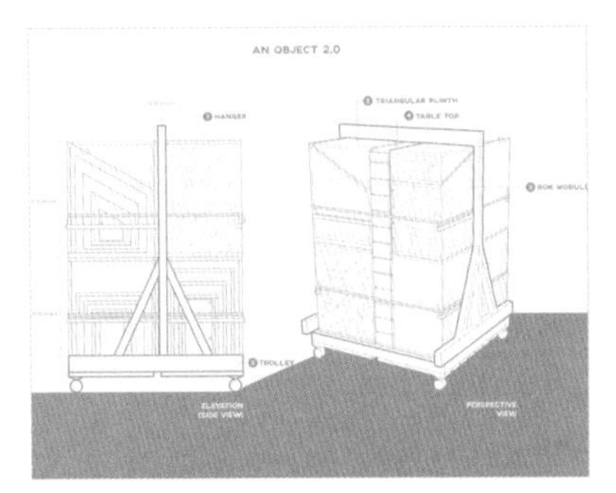

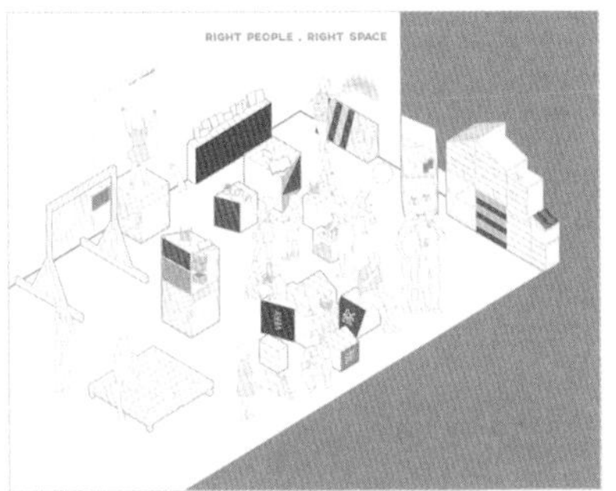

— 「壹屋計劃」替不同的店鋪設計了不同的組件，既放在鋪面，也可延伸至街外，用途多元化。

設計，或者覺得自己不懂得欣賞設計，但經過與他們合作，可能有新的觀感。「我們可以給你嚐『一口』設計是有多好。當你嚐一口之後，我們相信你就會上癮！」梅詩華笑著道來。

嚐一口設計有多好

一口設計在二〇一四年尾橫空降世，成立後就已經有做一些社區理念的項目，所以同時就衍生了「一口舍群」的團隊出現。「希望設計和活動上都可以同步，注入一些可以幫助到社區的新想法。」

羅馬不是一日建成，梅詩華也並非一開始就認定以社區為經營方針的。

「作為設計師和建築師，我和大家一樣在畢業後，到過其他建築師樓實習和吸取經驗。一開初都會做一些比較商業性質的項目，但在我參與的團隊裡，大家都很著重公共空間。不過，作為建築師，我很明白，在一個大型項目裡，即使我很努力打造一個公共空間，也很難預計日後大眾如何使用這個空間。」她開始發現一些落差，當由上而下做設計時，就會發覺一個空間設計師覺得好用，但原來公眾未必這樣想。

「所以投身建築開初數年的工作經驗，我就不斷有這個問題。到底怎樣的設計，才可以讓市民喜歡使用？更重要是，擴闊他們對空間的想法呢？正因為這些問題，一步一步形成了我們現在嘗試的這些項目。」

梅詩華分享說，因為一口的團隊不只有建築師，亦有城市規劃師和社區經理（community manager），所以他們看待 placemaking 時，很喜歡以「place」這個字的「p」開始構思。

「『P』也是 people，因為是人，而『lace』即是將東西連在一起。所以我們看待 placemaking 時，很著重如何將人連結在一起，才會達成一個空間。」梅詩華明白，作為建築師和設計師，大家的職業訓練是打造一個很漂亮的空間，「但如果沒有人，這只是一個物件。那我們可以如何注入人，令它變成一個 place 呢？這是我們一直想嘗試的理念。」

Placemaking 是永恆的「-ing」form（現在進行式），它是一個過程。很多時候我們會低估了空間之於城市的意義，譬如是它所象徵的歸屬感，以及城市身份（city identity），大家向來對城市心存刻板印象，習慣被規劃，很少去思考當中的種種可能，透過參與由下而上的社區營造，不但為城市形塑出 city identity 之餘，其實間接也建立了社群的 creative confidence。

打造一嚿嘢的「前舖後區」

「我們一開始時都覺得很困難，但很幸運的是，在第一次嘗試後，發現原來香港都有很多良心業主。」第一次成功後，一口本來打算要逐家逐戶去找下個業主，但發現有很多業主都主動嘗試聯絡他們。「反而有一個難處，就是業主給予我們一個吉舖之後，需要設計的地方仍有很多，例如不同的吉舖位情況會不同，原本的設計是否適合；吉舖位置與其他社區單位的距離等等，我們都會逐步分析。」

一口希望打造新式的「前舖後區」，「以一個舖面的商業價值給社企做買賣，但後面就是一個社區生活發生的地方，大家可以進來坐、聊天、看書等等，這是我們設計團隊一直很努力策劃的事。」暫時未有吉舖繼續進行，但一口仍然繼續策劃和聯絡不同團隊，希望這個計劃可以長遠發展，在不同地區出現。

「因為大家在策劃活動時，租借不到空間就做不到，其實有很多空間的可能性等我們發掘。」梅詩華總結經驗說，「壹屋計劃」的策劃時間比較長，團隊會與不同單位溝通討論，繼而會設計由四十樣東西組成的「一嚿嘢」。「我們希望在不同活動，可以拆不同組件出來，就有不同的功能。

做完「壹屋計劃」後，有至少五至十個團體聯絡一口想效法和合作。梅詩華覺得既然走出第一步，不如出外看看其他可能性。「我們不是想令『壹屋計劃』變成便利店一樣，我們希望幫助一些社區單位，如果他們真的想進行，我們可以向他們分享經驗。」

梅詩華還把 placemaking 的實驗延伸到新加坡，參與了一個項目「Parking Day」，那是由美國創始的一天社區營造活動。「活動是在當地封了一條街道，將所有停車位給予不同社區團體、學校和設計師去發揮，大家平時在街道看不見的各種可能，都會在這一天活動中實現出來。所以，我們連續兩年都有參與這個很好玩的活動，有人在旁邊打拳、睡覺，可能下棋已經是最普通的東西，大家願意走在街上，實踐大家不同的創意，也給城市人發洩一下，一起改變了街道的顏色和整個氣氛。」

地方營造是個永續空間

「地方營造除了重視貼心的設計，更重要的是協調。前期要協調持份者的期望，同時要他們參與設計，工作流程中要不斷檢討與改善，把大家的意見按其重要程度排列，分階層落實才是更重要的步驟。」

梅詩華舉了一個例子，團隊在九龍灣啟業村運動場負責改造運動空間。「我們想了新的玩法，讓大家了解運動，

— 在「設計 # 香港地」項目，梅詩華把灣仔地鐵站通往稅務大樓的天橋粉飾成灣仔四季植物；港灣消防局則以五位設計師的文字，創造了新意思。

這是公共空間，所以設計師不應做完就走。」經過多月觀察用家喜好，團隊和當地街籃團體決定改善和添置新式籃球架，管理人員亦幫忙觀察反映市民的喜好 。「所以說，管理人都是持份者，他們的意見也很寶貴。」

「Placemaking 最好玩的地方是延續（on going）的過程，用家使用時會不自覺、有機地改變整個空間，令其發酵成為一個更宜處的地方。」

梅詩華認為，placemaking 過程中，溝通是最重要的。「因為人就是要聊天，最重要的是一起提出問題，最終得出來的方案是大家比較喜歡和容易接受的。街坊習慣了的地方，如果加添一件物件而他們不知就裡，總會覺得不順眼。但如果他們參與了過程，大家就會明白整件事情為何這樣發生，和發生之後的變化，就能互動地進行。「中間的協調角色，梅詩華認為不只是設計師可以做到，大家都可以參與。」

最後，梅詩華希望看這本書的朋友，可以留意香港有甚麼空間未好好利用，不妨以人連結，以 placemaking 的手法經營，或許會幫到手，一起炮製出各種社區項目，讓公眾可以接觸一口設計的滋味。

一口設計知道有很多東南亞城市，例如新加坡、馬來西亞等等都有 placemaking，所以嘗試以香港經驗與外地概念交換。

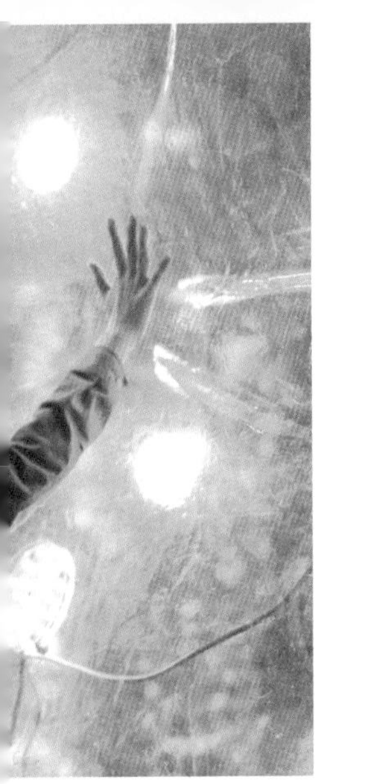

「P」也是 people，因為是人，而「lace」即是將東西連在一起。所以我們看待 placemaking 時，很著重如何將人連結在一起，才會達成一個空間。

油街實現了甚麼？

從建築了解城市的故事

我們設計一杯一碟尚且都要了解人怎樣去用，更何況設計一個城市？如果我們不明白人的需要，不將人放在整個城市設計的流程和核心，得出的設計不會有用，也不會長遠。

陳翠兒

油街實現
OI!

香港建築中心主席

Fortress Hill

炮台山

「真正重要的東西，只用眼睛是看不到的。」

（What's essential is invisible to the eye.）

這不只是一句由 B612 小行星來到地球的小王子童言，

也是香港建築中心主席陳翠兒建築師從中領悟的人生哲理。

她擅長觀察，一直深信建築是一種態度，

閱讀設計背後的意圖，

建築本身就是一種「無言說法」的環境教育。

陳翠兒認為，欣賞建築與空間不能單靠看書本，甚至不能單純用肉眼，必須要親身體驗，才能感受設計師或建築師如何打造這個空間。究竟這地方是否達到原創作的理念？它有沒有切合人的需要？「人如果用心享受這個空間，就是對建築師最好的回應與回報。」

對於概念她近乎執著。「Placemaking 不是 make a place（打造地標），而是 let a place appears（讓一個社區出現），人與地必須聯繫，釋放其中蘊藏的生命力。這樣的 place 一定是天地人聯繫的地方。」

地方營造，原來還可以應用於陰宅，那是我之前一直忽略的。

用貼心的設計就是好

「建築就是起樓？絕對不是，但社會有種缺裂的想法。」跟陳翠兒談地方營造，像研究人類學，更不只是建造給活人。她一身潮人裝束，像一隻穿插於美輪美奐智能大廈當中的花蝴蝶，殊不知原來伊人曾有一段頗長時間，在港九各大墳場打躉，開會、吃飯都與先人作伴。「我的服務對象不只是先人，還有他們在世的家人。設計一個在墳場中安妥的陰宅會令活著的人安心，明白到生死兩相安。因為我們用心是良善的，所以就是在墳場開會至入夜也不怕。」

風和日麗的下午，我約陳翠兒聊聊地方營造，請她自選一個愜意地方，她二話不說的選了炮台山的藝術空間「油街實現（Oi!）」，一碰面她就跟我講油街的前世今生。

「二十年前靠海的油街政府物料供應處倉庫曾出租予本地藝術團體，成為油街藝術村，難得的海景地王當然不敵地產的經濟效益，油街藝術村後來也就消失了。油街實現原為皇家遊艇會（前身為成立於一八六九年的遊艇會），現在是康樂及文化事務署轄下一公共的藝術空間，與社區結合的藝術實驗室。」

在網海打撈發現，油街以前有個「永別亭」，就建於物料供應處旁。當年在北角的殯儀館完成出殯儀式的遺體，會運來油街的停屍間暫存，部分會經水路運往紅磡，再轉乘火車前往粉嶺和合石墳場安葬。設計過墳場陰宅的陳翠兒，是否不知這段歷史？如果是實在是太巧合了。

建築如樹：為人擋曬無分階級

下午時光，有父親帶小孩在木枱上做家課，小孩坐在父親的大腿上，手裡拿著長長的鉛筆練字，溫馨極了。的

確還有很多街坊來光顧這個五星級的公廁，又有小情侶拖著手散步，對著樹洞說秘密。

「就像一棵大樹，它的樹影為人擋曬是無分階級的，地方營造的精髓就在於此，希望大家都享用到一個公共空間。」有趣是，在加拿大唸書時，陳翠兒曾選修森林管理，從伐樹、為長者砍柴等重新看到生命價值，從那時起她立志將來要從事為人服務的建築行業。此刻望著大樹的她，彷彿是想到這則往事。

多年前一手成立 AOS. Architecture 建築事務所，理念亦遠超過一般建築師樓所做的工作。「只要是我們認為對人和社會有意義、值得做的事情，我們都會盡力參與。」

— 上圖｜「百年香港建築」計劃後來出版成書，推廣香港建築文化。

陳翠兒曾經推動「百年香港建築」計劃，花三年時間辦展覽和講座，還出版了《熱戀建築》一書。不但是承傳、記錄口述歷史，更希望與大眾分享建築背後建築師們的美好意願。

二〇一三年底她更涉足策展，試圖將建築與社區聯繫。「每個建築師在心底裡都是藝術家，由香港建築師學會主辦的《築・自室》及《家－城 ÷》兩個藝術展，正好培養建築師跳出既有框框的機會。」

展覽更吸引油街實現提出合作，讓建築師主理一個以「PLAY TO CHANGE」為題的空間，希望以「玩轉油樂場」帶來改變，長期展覽中既有以北角為主題的大型康樂棋，又有討論劏房問題的作品，負責策展的陳翠兒重視的，一直是雙向互動的展覽方式：「這個計劃能讓建築師帶出重要議題、帶來改變，而公眾則可參與、創造，市民藉玩樂同時認識香港建築和城市。」

街坊沒想過跟建築師接近

最難忘是期間適逢中秋節，其中一隊年輕建築團隊 One Bite 搞了個做燈籠的比賽，參加者並拿著大大小小的自製燈籠遊街，夾道的市民就問：「中秋節你們有甚麼不滿要遊行？」令團隊忍俊不禁，但同時又是建築師走進社區，營造與人共建社區的關係的新嘗試。

「空間（space）有別於地方（place），地方營造是一種集體成果，不只是由上而下由的設計，市民便來享用此空間這般的單向。當中要有人的互動，有市民的參與；讓參與其中人的使用者對此地方產生歸屬感（ownership），出來的設計才會精彩。」陳翠兒說。

這令她想起了二十年前的灣仔喜帖街重建項目，曾經可能是一個雙贏的重建項目，最終卻失敗了，讓她思考保育與發展又是否必然的二元對立？

站在香港島灣仔區的「利東街」，過去俗稱「囍帖街」。因為昔日這條街，是香港著名印刷品製作及門市集中地，尤其以印刷喜帖而聞名。陳翠兒說，當年「藍屋」還未由草根發起史無前例地成功的保育計劃「留屋留人」

— 上圖｜陳翠兒二十年前已經與 Designing Hong Kong 提出保育利東街的計劃，可惜未獲政府接納。

之前，她與「設計香港」（Designing Hong Kong）已提出如此概念保育利東街，可惜最終政府沒有接納計劃，利東街最後保育不成，面目全非，唯一留下的是那首提及「裱起婚紗照那道牆及一切美麗舊年華，明日同步拆下」的《囍帖街》。

「二十年前香港一個由民間發起的運動 placemaking，提出一起設計城市。建築師平時坐在房內，現在要走出街聽市民意見。我在街上與市民一起設計城市和公園。」陳翠兒說，整個過程最感動是跟居民交流。「市民不是我們的敵人，相反的是人是我們最重要的資源。我們大部分市民也愛城市，有機會讓愛城市的人來一同建設是很美好的。」

囍帖街與火焰雪糕

陳翠兒當時跳出社區，走在灣仔問市民想要一個怎樣的城市？建築師替市民畫低理想都市的面貌、記錄人如何運用空間、在太古廣場舉辦共創的工作坊，最難忘市民分享他們最想要的公園設計，告訴她灣仔以前有小店賣火焰雪糕。當時的聖雅閣福群會的社工凝聚成班專業人士設計安全板間房，探索如何為他們改善生活質素。

「囍帖街事件是本地的居民有心的想改變香港歷史，好多市民跟我們一起思考：將來香港可以怎樣？我們的城市想點走？他們自發組織和籌錢，實在感動！囍帖街雖然保不住，但開始了市民參與城市發展，地方營造的開始！」陳翠兒悻悻然道，當時市民的聲音太微弱。「但這次經驗，改變我以後造建築的 approach。」陳翠兒說。

相反，藍屋於二〇〇六年開始，由聖雅閣福群會與居民與政府商討留屋留人方案，讓居民繼續居住，同時保留藍屋、黃屋及橙屋建築群。二〇一七年聯合國教科文組織（UNESCO）公佈亞太區文化遺產保育獎項，藍屋建築群活化計劃更獲得最高榮譽「卓越大獎」（Award of Excellence），屬本港獲此殊榮首例。

「我們犯錯來自無知，歷史建築物舊了便拆，歷史的承傳不能再重建，對下一代很重要。」

基於「建築為人」這宗旨和哲學，身兼建築師、策展人、香港建築中心主席等銜頭的她一直作橋樑，她認為地方營造必須將設計概念帶進社會，讓建築更「貼地」。「建築就是很重要的設計，是一件公共的藝術品，市民的認知很重要。」

陳翠兒從訪問香港的經典建築師而獲益良多，包括了設計康樂大廈的木下一，以及被稱為公屋之父的廖本懷，「看到他們眼中仍然閃閃發亮，而且像孩子一樣喜愛自己的工作，讓我想要記錄前輩們的足跡和熱情，便寫了

《熱戀建築》一書。」

身為香港建築中心主席，她致力推廣公眾對建築的認識。香港建築中心不時舉辦建築導賞團，由義務建築師帶市民導賞香港的建築。「只要大眾明白設計的重要，從建築入門讓大家了解這個城市的故事，對建築和城市建造有更多的認知，我們才會有更優質的建築和城市。」

「Architecture starts with an A，沒有藝術成分，就談不上

上圖｜陳翠兒認為，建築也可以很 Playful，最重要有人的參與，互動和正能量。一個以「PLAY TO CHANGE」為題的空間，長期展覽中既有以認識北角歷史建築為主題的大型康樂棋，又有討論劏房問題的作品。

是建築。」陳翠兒心目中的建築學，不單是空間的建構，亦是一種美學的呈現，透過空間來表達美感。

但她看到，再單向的建造城市，缺乏以人為本的公共空間，二〇三〇年後香港會面對很大的危機。「以前香港是四小龍之首，亞洲其他城市都來考察，例如香港的公屋，蘇屋村、華富村都曾經是經典的設計，現在的新加坡已走得好前，有為三代同堂設計的複式公屋和綠建築，但香港設計反而有點停了下來。」

「人是充滿創意的，你看九龍城寨是表現了人求存的活力，當然全民投票，被選為十大我最愛香港建築之一，它就是逼出來的精彩的一個例子，城寨的成長變化如植物的有機繁殖，出現了混亂表面下的生存規律。」

九龍城寨作古，天星碼頭拆了，囍帖街成了集體回憶。

回憶無用嗎？「回憶是力量，助我們不斷向前，建築的力量是它們在我們生活，留下了印記，只要我們提取，回憶也是未來地方營造的力量。」陳翠兒說。

上圖｜與其他建築師試在油街做 placemaking，大家都認同空間（space）有別於地方（place），地方營造是一種集體成果。

下圖｜炮台山的「油街實現」是陳翠兒選為地方營造的示範作，小孩坐在父親的大腿上做家課，很多街坊都會來到油街實現這城市空間，不知不覺就在藝術展覽之中。

空間（space）有別於地方（place），地方營造是一種集體成果，當中要有人的互動，參與其中人／使用者能有種歸屬感（ownership），出來的設計才會精彩。

重建不只是拆樓

跟商販化敵為友

我不喜歡用「打造」這個詞，因為不是每樣成果都可以像工廠製品複製出來的。

地方營造的關鍵在於精神上，若要成功每位持份者都要 identify 自己與社區的關係，以對於地方的感覺去享用和孕育這個地方。

馬昭智

市區重建局
Urban Renewal Authority

執行董事

Central GRAHAM MARKET

鑽進中環嘉咸街，市區重建局執行董事馬昭智像紅人出巡，

商販、街坊都跟他像老朋友打招呼。

有時他午飯後會散步去尤太的果菜檔買點水果、

晚飯又會先去幫襯堅叔買斤牛肉。

「嘉咸街八十個小販我個個都識，有些更連他們的家人也稔熟。」馬昭智記得，二〇〇七年他初次步入嘉咸街市集時，氣氛迴然不同。

那時，嘉咸市集鮮貨零售中心還未成形，市建局為卑利街／嘉咸街項目進行規劃設計，特別成立小組開始長期諮詢，個別商販見「市區重建局」大員到來就聯想到清拆收樓「打爛飯碗」，警覺性提升至戒備級別。「一入去甚至有人罵我，話我們呃人！我理解的，以前城市發展傾向人治。」

市區重建 VS 舊樓重建

馬昭智說，要制度化就無創意，所以近年市建局在自行開展的不同市區更新項目上，都嘗試加入地方營造的概念，以彰顯項目的地區特色，而概念啟發和溝通是雙方、互動的。

「『地方營造』所指的地方（place），和空間（space）不同，place 不只於一個實際空間，還包含地區文化和居民的集體回憶，讓外界知道空間可以怎樣用，增加地方特色，還應該讓其傳統文化繼續保育和傳承。」

在嘉咸市集的鮮貨零售中心啟用禮上，華記果菜老闆娘尤太（右）及其兒子 Anson（左）跟馬昭智（中）合照。

馬昭智重申，市區重建絕對不等同舊樓重建。前者以地區出發，以一個社區規劃作為考量，與單幢式拆卸舊樓重建，思維不同。

「例如我們會研究重建社區的道路應用和公共空間，香港舊區道路面積比率頗高，例如油麻地、旺角兩區的道路佔整個區域的四成四，在重建上便可重新整合作其他用途。」他舉例指，市建局一個在九龍城區的重建項目，設計上便把社區停車場放進地下，騰出更多地面空間予途人使用。

「我不喜歡用『打造』這個詞，因為不是每樣成果都可以像工廠製品複製出來的。我們講地方營造，硬件之外軟件更重要，營造一個地方先要有空間，再透過規劃和設計，讓它慢慢塑造成有機的社區，當中不知要投入多少不為人所知的血汗淚水。」馬昭智侃侃而談。

他舉例指，上海的田子坊最初是一個成功的地方營造例子，成功孕育為一個與民居相連的文創社區，但最後就是太刻意去宣傳和打造，市民搬走了，只剩下商舖，變成開花後結不了果的項目。

「香港的蘭桂坊由 Soho，到現在是 Boho。地方營造有個使命，但一個地方是否畀機會接另一個使命？好值得我們思考。」馬昭智說。

活化市集　重塑街道風貌

中西區是饒富歷史文化特色的地區。市建局規劃設計嘉咸街項目時，特別著重它的地區特色，花了兩年採取由下而上的工作模式，與居民代表和社區各界人士一起研究。設計概念集中重塑當地的老區風貌，使新舊交融。

「『以人為本』不是我甚麼都要聽從你的說話，昔日制度有點僵化，令有些市民誤解市建局參與就是拆樓和起新樓，我們花很多耐性跟商販溝通。」

嚴格而言市集並非位於重建項目範圍，馬昭智說，但因為與重建範圍毗連，市建局希望藉此機會「活化」市集，因此鼓勵全部小販將來繼續在原址經營，並改良經營環境以進一步增加地區特色。

市建局明白這項嶄新的嘗試需要做工夫，故此他們特別在市建局中西區分區諮詢委員會之下設立保育諮詢小組，匯集區議員、社區領袖、專家、學者、販商和居民代表的意見，攜手玉成其事，老字號的東主或承繼人的反應亦十分積極。

有趣的是，市建局甚至當起營銷顧問，向他們提供市場趨勢與建議，協助傳統商販改變轉型，勇於面對社會競爭。

不脫節才能談地區營造

「以前果檔覺得自己不能跟大超市競爭，於是就賣十蚊兩個橙，我們引導他們了解市場需要，他們現在賣日本有機蘋果，勇於跟附近超市競爭。有些保育人士批評：『你唔搞啲小販，佢哋咪喺度囉。』不是的。難道你仍在賣四十年前的菊花牌內衣？小商戶也要自省、與時並進、肯畀人幫先得，這需要有信心基礎的互相溝通。」

馬昭智強調，不脫節才能談地區營造，生存都成問題，何來轉機？「要解釋我們是想保留，變成他們的夥伴，一齊令嘉咸市集重新創造（recreate）出來，中間需要很長時間溝通，同時要跟政府部門、區議會和販商代表聯絡，了解販商的需要，探討合理可行的過渡和永久性安排。甚至根據販商的意見和需要，設計攤檔，以強化原來的地區特色。」這解釋了他跟商販由敵對變成朋友，中間務必克服很多困難。

「好老實講，在地方營造上，香港好多思維是脫節的。」馬昭智認真地說。經常考察世界各地重建個案的他最清楚，新市場化程度居中國之首的深圳南山、非常積極進行地方營造的新加坡，都值得香港虛心借鏡。

「內地有些城市比香港走前十多年，好似深圳灣好懂得利用海岸，長十公里的海岸線營造了一個十分受歡迎的公共空間。商場附近的海濱，年輕人踩單車、老人家釣魚；有人拍婚紗相；有人帶大相機拍花海；一家人野餐，有人在草地躺著曬太陽。」馬昭智形容，香港的整個概念不是把人推進商場，就是把人放出街，很少有這種內外互融的有機空間。

「有地方自然有人善用，香港以前做公園很定性，分區設有的硬件是石春路、棋盤、石櫈；天橋要有蓋，好極端化去諗一樣嘢，其實只要跳出框框，回應社會訴求，魚與熊掌可以兼有。」他認為設計根本已限制了市民的活動和想像，前期規劃要好，營運後公共空間就不用太多規範，自然已足夠。

就好似台北市分別把華山和松山，規劃成「華山一九一四文化創意產業園區」和「松山文創園區」，以創意規劃和活動，成功把兩個舊地方營造成最潮的文創中心，「星期日搞搞小意思，已帶到新意衝擊城市規劃的固有想法，有機地成為一家人的新興蒲點。」

不過，馬昭智理解，地方營造是因地而行的，不能一個項目成功就可以複製到其他地方。「不可以用香港思維量度其他地方，好似距離觀念，內地人認為一公里好近，但香港人未必如此認為，所以不能把仙人掌放在又凍又常下雨的地方，地方營造必須視乎天時地利人和。」

所謂人和，馬昭智認為，最重要是所有持份者都相信地方營造是好事、有同一目標才能成功，「市建局不是政府部門，其實是大社企，所以有時做得很辛苦，我們很明白，有人的思想放入去才有創意，一切都是溝通問題。」

他舉例旺角波鞋街項目，要持份者包括發展商、居民、用者都支持計劃，需要不斷的溝通與妥協，「設計上已預期目標，我們希望開一條內街畀人行，帶動人流。但對於地產商而言，他們或許覺得這設計會令他們店面面積縮小，形成租金和機會流失（opportunity loss）。我們要從設計規劃開始，跟地產商解釋，租金損失會因多出的人流抵銷。」

又例如九龍城小區規劃，市建局希望建宜居的小區，令行人用得更舒服，構思設計上把停車場設在地下，車場入口減少可以增加活動空間。

馬昭智說，加入地方營造概念的計劃，還有二〇一八年下旬起分階段推出中環 H6 CONET 社區空間的毗鄰街道美化工程。市建區與位於興隆街的鴻德大廈合作，由居港的日籍藝術家 Taka 為大廈外牆度身設計大型壁畫。創作由二〇一九年四月開始，歷時一個多月完成，透過壁畫展現香港的地方特色、中西區的社區文化及風景。

「我們設一個角落讓青年人沖咖啡，放鋼琴予人發揮天賦，不用講太多設備或甚麼活化的大原則，只是給一個基地，有人用自己會注入活力。」

這個項目，市建局效法了新加坡市建局項目。「新加坡市建局管理範疇包括交通，他們把政府大樓以前上落車位，改為公共空間，由於旁邊有熟食市場，愈來愈多人在午飯時間來聚集，共享空間。」

由收樓、清拆、招標讓地產商競投，還要自負盈虧和財政獨立，過去的市區重建模式難免會受到保育者的批評。灣仔利東街（囍帖街）是近十年最受非議的項目，原以售賣婚嫁用品聞名的利東街重建後被指「士紳化」（gentrification），重建後的利東街不再存在。

變成囍匯的地方印刷店絕跡，街上所有唐樓被拆卸，被指破壞了當區的特色，並非「以人為本」。馬昭智主動提出這個項目來討論，指出：「舖頭可能不同了，但利東街的公共空間確是回饋給市民使用，以前這些空間是不能行人；公共空間又放了雕塑，令整條街多了本地及遊客去，也是貢獻。」馬昭智說，市建局一直尊重社區氣氛，新的利東街吸引了新的遊人。

問到香港要做可持續性的社區營造，面對最大挑戰是甚麼？馬昭智說：「每一位持份者都要覺得是好事，那要花很大力氣去溝通，重建不一定是要拆，重新改造活化需

要新思維。」

市建局作為政府重建工作的執行者，理應背負一定的社會責任及須以民為本，以更人性化的思維作城市規劃，令地方變得更宜居。「市區重建加入多一些活力，不是隨便拆舊樓起新樓，涉及很多策劃與設計，我們責無旁貸，要做帶動的工作。」馬昭智說。

— 上圖｜市建局分階段推出中環 H6 CONET 美化工程，在鬧市中提供一個供市民休憩的空間。

上圖｜市建區將 H6 CONET 與周邊的已建設環境聯繫起來，為社區帶來具獨特個性的人文景觀，實踐「地方營造」概念。

下圖｜空間不一定是露天的，H6 CONET 有 NGO 辦公室、洗手間、電視、冷氣等，希望在中環營造一個空間，讓急促城市人有喘息機會。

不脫節才能談地區營造，生存都成問題，何來轉機？

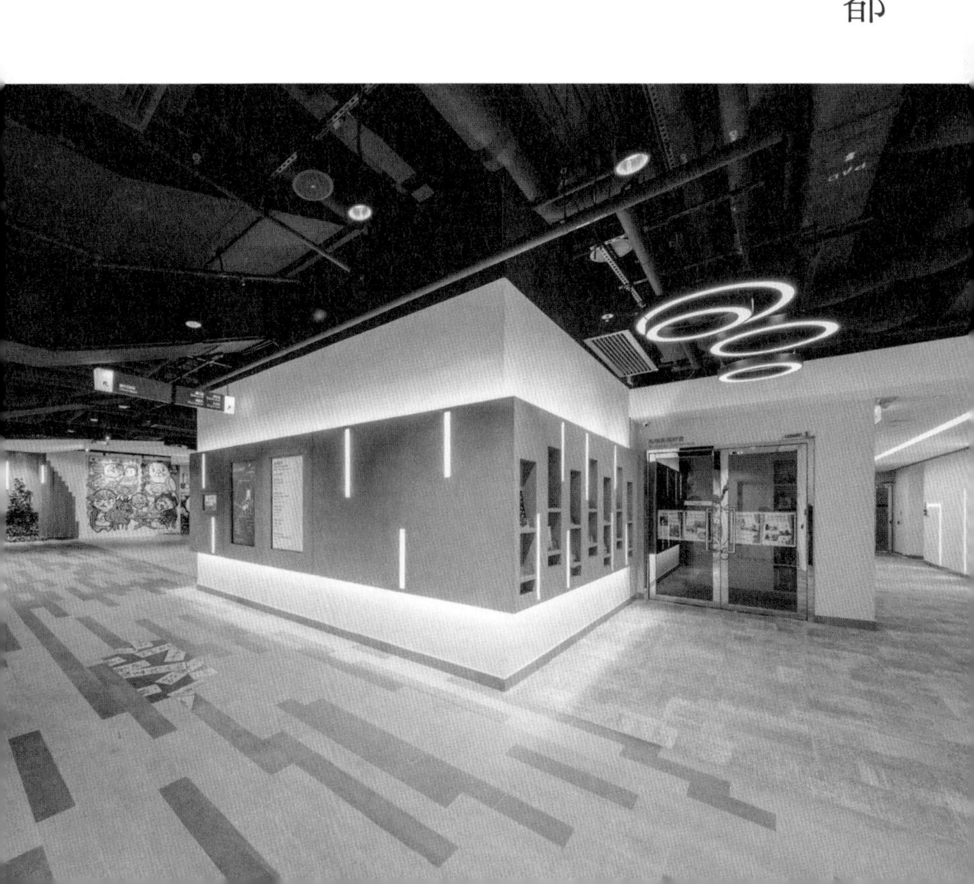

隨著城市發展愈來愈講求「地方營造」（placemaking），

人與地方的聯繫漸受關注，

這些都不難在近年橫空降世的新地標中發現。

WEST KOWLOON

TIU KENG LENG

18 DISTRICTS

CHAPTER 3

從無到有

——社區新地標的形成

茹國烈　西九文化區
林綺妮　香港知專設計學院時裝資料館
蘇頌禮　Citymapper

爛地變藝術殿堂的西九文化區

戲曲中心華麗登場

西九是個很大、很奢侈的項目，故要做很多深思熟慮的準備工夫。過去九年是從零開始，走到這裡也無憾了。

茹國烈

西九文化區
West Kowloon Cultural District

前表演藝術行政總監

West Kowloon
WEST KOWLOON

西九龍

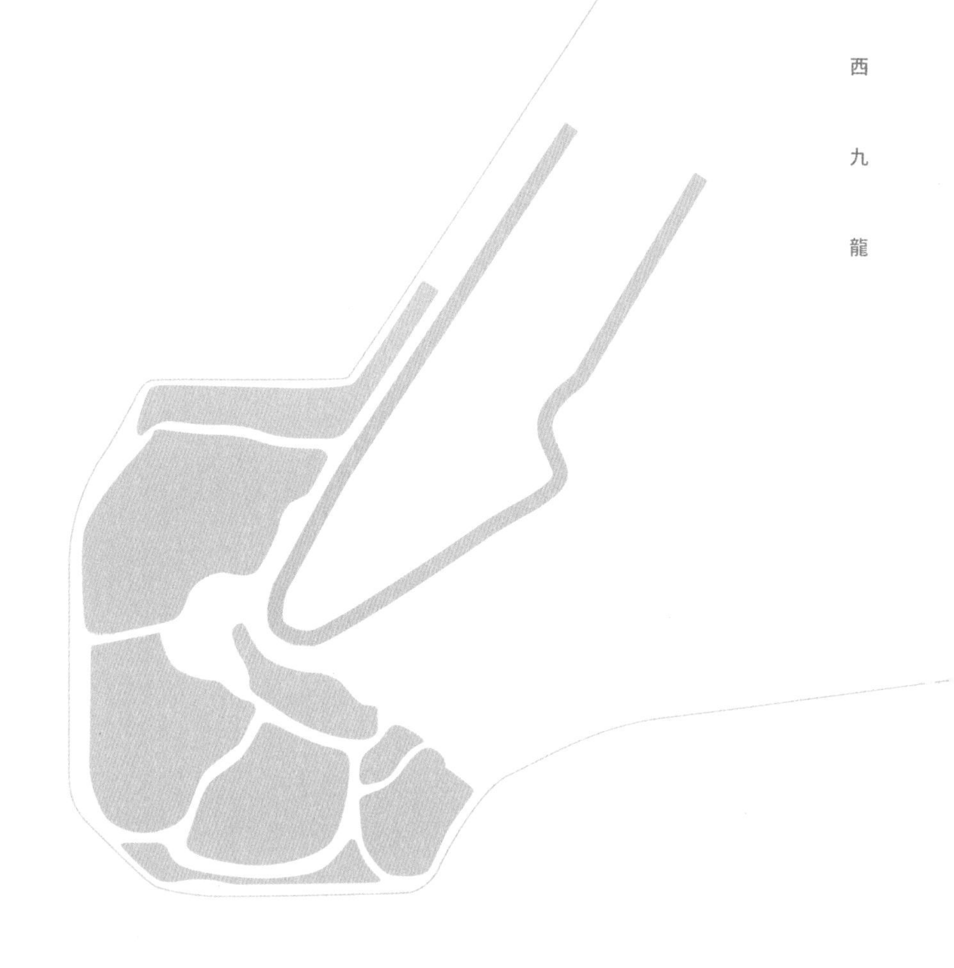

「終於出世了，舒口氣吧？」
幾乎每位嘉賓和友好，
這天跟茹國烈打招呼的開場白，
都是同一句，沒有其他，
還未計收到的手機訊息，
那是西九戲曲中心二〇一八年底開幕日。

茹國烈二〇一〇年加入西九，辛苦了足足九年就是等這一天。第一個西九 BB 在議論、歡呼加鞭撻聲中出世，作為主導整個文化區發展的關鍵人物的他，自然百感交集。

二〇一九八月，美國《時代》雜誌（*TIME Magazine*）公佈「二〇一九年世界 100 最佳景點」（World's Greatest Places 2019），戲曲中心更代表香港上榜。

在西九藝術公園的中央位置的「自由空間」（free space），年輕人視為藝術實驗及探索的平台；附近的草地有一家大細野餐和聊天，一直玩到日落西山；當然還有遊人如鯽的戲曲中心，每晚茶館都有戲看。

擁有逾三十年藝術行政管理經驗的他，是西九表演藝術行政總監，見證西九推倒重來，從無到有；由沙塵滾滾的爛地變身國際級的藝術殿堂。二〇一九年六月約滿不續約，準備有新的發展。

茹國烈記得，二〇〇六年西九文化區第一個方案，因為天幕、單一招標等爭議，最終「推倒重來」。政府重新諮詢業界對場地的要求，成立了一個諮詢委員會，下面成立了財務小組、表演藝術及旅遊小組（PATAG）和博物館小組，他被邀請參加 PATAG。

當年遇上北角新光戲院第一次面臨停業的危機，粵劇界四出奔走，希望新光能繼續經營。最後新光的業主答應讓新光續租三年，而粵劇界爭取專屬場地的期望，也在社會上得到很大的迴響。大家的目光轉向重新規劃的西九文化區。最後，在小組建議的十五個場地中，終於有一個戲曲中心。「那時我們主張叫戲曲中心而非粵劇中心，也非戲曲劇場，是希望這場地包括各劇種，除演出外，也有教育、發展和交流的功能。」茹國烈回憶說。

二〇〇八年，西九文化區得到立法會二百一十六億元的撥款，隨後於二〇一一年選出 Foster+Partners《城市中的公園》的規劃方案。在這個規劃設計中，戲曲中心的位置是在文化區的中部。

「那時我的考慮是，戲曲作為最本土的藝術形式，以戲曲中心為西九第一個場地，很有意義。其次，傳統戲曲在現代社會是弱勢，錯過了這時機，以後不知何時能建得成。而且，一個地方的傳統文化做得好，一定能影響和啟發其他現代藝術。所以，先開戲曲中心，對舞蹈、音樂、戲劇都有好處。故此，西九文化區管理局改動了 Foster 的規劃，把戲曲中心放到這裡，而戲曲中心也就因

此成為西九第一個興建的場地。」

戲曲中心設計的那兩年，碰上香港建築成本狂飆。茹國烈最難忘的是設計團隊和營運方代表天天在時間和預算嚴格的限制中修正設計。「每推遲一天，成本都會上漲，成本上漲了，又需要時間回去修改設計，這是一個很痛苦的過程。」將虛擬的構思可行地落實，是茹國烈工作

上圖｜戲曲中心是西九第一個 BB，二〇一九年一月二十日正式開幕，並邀得九十歲的白雪仙親自監製開幕戲寶《再世紅梅記》。（圖片由西九文化區管理局提供）

的日常，運用了地方營造的理念與在地考慮。

地方營造的概念激活一個城市或地方集體重構和重塑公共空間的可能性，「集體意願」自然是設計和創造的基礎，以做到有開創性的破土（groundbreaking）效應。早於一九六〇年左右，海外關注公共空間建設的學者如 Jane Jacobs 或 William H. Whyte 已提出城市設計的概念，絕非只是安放停車場或商場等硬件。茹國烈認為，香港地狹人稠，多功能的硬件，令空間失去了文化個性。

漫長的守候　由爛地到華麗登場

戲曲中心佔地二萬八千一百六十四平方米，樓高八層，於二〇一三年九月二十四日動工，照顧各類型戲曲主導的活動所需。「我未做過如此長時間的建築項目，由選址、設計、建造到開幕，足足八年時間。最大感觸是由構想到落實經歷很漫長，由模擬的設計圖，到真正落實，都經過重重商討，以前也幻想過她的模樣，但不站立此地是無法感受到的。」

西九仍是工地時，茹國烈已開始在有限的臨時場地統籌活動，由零開始構建香港人對文化場地的想像，再一步一腳印的將離地的空中樓閣落實。「西九實在講了太久了，我第一次聽是一九九八年，到我二〇一〇年加入時，西九最出名是曬太陽、養草和紅火蟻，爛地一片。」

茹國烈形容，他當了九年賣藥 sale 和賣樓經紀，以電腦模擬圖賣西九的文化夢。

這夢，終於慢慢落實，有輪廓、骨幹、有血有肉、有前世今生。

戲曲尤其是粵劇是非物質文化遺產，即是有價資產。戲曲中心如何在空間與高度呈現這種核心價值？又如何成為傳承戲曲文化而設的世界級表演場地？茹國烈於西九 placemaking 的「無中生有」經驗中，最難忘是甚麼？

「就是一邊構思一邊被人鬧，在鞭撻聲中落實的。」形容一柱一檐落實不易的茹國烈說的，是戲曲中心的半戶外中庭，是西九整個文化區的東面重要入口。「設計師譚秉榮（Bing Thom）的設計很大膽，他將負重二千四百公噸的大劇院升至四樓（至離地一百呎興建，是香港現時最高的劇院），騰出地面的中庭用作公共空間，猶如一道由東至西、自然通風的無門拱門。」

茹國烈形容中庭在熙來攘往的鬧市營造「大笪地」的親民感覺，「戲曲是一個好接地氣的文化形式；同時作為文化遺產，我們也在建築上凸顯戲曲的級數與位置，經營和管理時也沿用設計師的理念去做。」

把大劇院撐升四層，自然需要增大成本建柱子，如此空

曠的地方，自然引起外界質疑「打風落雨怎辦？」「超支怎算？」等等問題，館方都要一一回應。「山竹襲港期間，我一晚也沒睡好，都在擔心呢！」結果，戲曲中心開幕，外界評論正面，只可惜建築師早幾年離世了，未能親臨現場參與開幕。

二〇一六年十月某一晚，茹國烈收到電話，Bing Thom 因腦溢血病逝，享年七十五歲。「很可惜，Bing Thom 無法見證戲曲中心落成，否則今日跟你做訪問的，還有

— 上圖｜戲曲中心設計概念源於中國的傳統綵燈，除提供開揚海景的休息角落，也可增強整個中心的自然採光和通風。將負重二千四百公噸的大劇院升至頂層，既為地下的中庭騰出開放空間，也象徵和凸顯出粵曲殿堂級的高度，蘊藏建築師的心思。（圖片由西九文化區管理局提供）

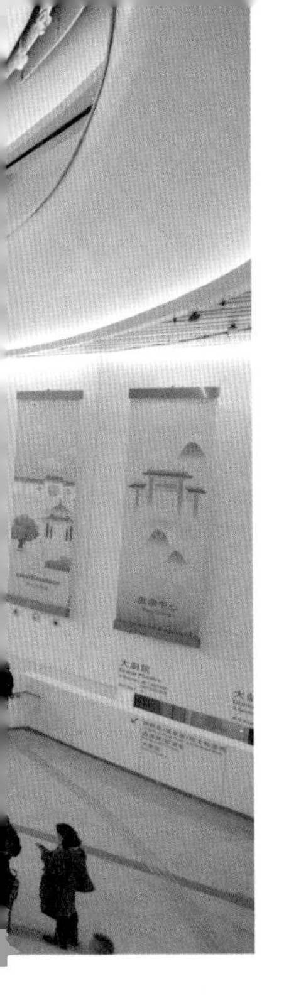

他。」茹國烈說起這件事，還是刻骨銘心。「我們特意在中庭的椅上刻有 Bing 的金句，盼市民記得這名建築大師的付出，也算是為他在戲曲中心留了『最佳位置』。」

茶館劇場也是茹國烈引以為傲的設施之一，那是他親自提出興建的，靈感源自他二〇〇九年在蘇州考察當代建築大師貝聿銘操刀的蘇州博物館，隔鄰有個太平天國忠王府舊建築中式戲台，他一見難忘，決定引入戲曲中心。

「看戲二、三十年，我未試過在傳統中國環境看戲，這個方形三面的舞台，與觀眾與表演者的關係很有趣，很親切又型。無論中國古代的湯顯祖，還是西方莎士比亞，世界古典劇場都是共通的，香港從來沒有這種舞台。」茹國烈侃侃而談。茶館劇場有最多二百個座位，主要是演出經典折子戲。

佔地接近三萬平方米的戲曲中心由落實設計到興建共花了八年、耗資二十七億港元，包括能坐一千人的大劇院、茶館劇場、八間專業排演室、演講廳等，照顧各類戲曲活動所需。而戲曲中心並非「各人自掃門前雪」，戲曲中心是西九的一部分，自然需要銜接其他地區。戲曲中心的向西通道，可以讓市民步行直通到 1.2 公里外的 M+。

「西九獨特之處是它的交通網絡都埋在地底，市民在地面可以隨心享受這城中的文化空間，欣賞香港罕見的『鹹蛋黃』日落，整個體驗就在戲曲中心開始。」

茹國烈加盟後，負責規劃及發展文化區所有表演藝術設施，並監督其發展策略及營運模式。在他的帶領下，文化區內各項演藝設施（戲曲中心、自由空間和演藝綜合劇場），先後推出一系列涵蓋舞蹈、戲劇、音樂及戲曲的公眾演出、藝術家培訓和文化交流節目，五、六年前已利用草地預先舉辦活動，利用臨時空間刺激大家對未來的想像，包括「自由約」和「自由野」兩個香港有機空間「品牌」。

由不敢踩到霸草地

「有音樂、寵物、親子、餐飲和手作市集等，幾年來我們在摸索下匯聚了一班人，因為自由約和自由野是西九的前奏。」茹國烈解釋，向來香港人習慣了公園的「規則」：不准踩草地、不准滾草地等，西九的 free space 鼓勵大家重新善用自然空間，改變了香港公共空間的想像。「由不敢踩草地到霸草地。」茹國烈談到西九改變了大家對公園的體驗，讓公共空間活起來（lively）。

按西九規劃，藝術公園裡面有兩個藝術文化場地：M+ 展亭和 free space，設有四百五十個座位的黑盒劇院、餐廳、海濱長廊、能讓一萬人舉辦演唱會和表演的草地、

live house。西九也會邀約設計師參與「香港新晉建築及設計師比賽」計劃，設計並興建臨時展亭建築項目，以孕育新晉設計師，其中「Growing Up」便是首屆獲選設計。

活動不是為搞而搞

茹國烈說，在西九臨時地盤舉辦活動，不是為搞而搞，更有非常實質的功用。他舉例指，過去兩年西九已嘗試自家實施街頭表演者發牌制度，迄今已有四百個街頭表演者登記了，這些臨時活動可以鼓勵一個地方的設計者投入其中，有助改善未來設施的管理和制度。

「搞西九大戲棚、大型音樂節 Clockenflap 等讓我們預早作噪音安排，知道大型喇叭要放正西方才不會騷擾附近的住客，喇叭擺放的角度只是十幾度的差異，西環孫中山公園就隨時聽得好清楚。這些都是預先的實戰經驗，讓設計師不會紙上談兵。」茹國烈續指，事先的實戰經驗讓西九不只在硬件設計上改進，也包括節目甄選和確立文化定位與個性。

茹國烈認為，在地方營造的設計過程中，不能「一廂情願」，人的因素最重要，故要做實地的實驗才能設計最理想的土地用途。「不同位置有不同的使用者、不同的事發生。」他以舉辦了兩年的「西九大戲棚」作例子，西九團隊如何透過活動有智慧地發掘地方的可塑性與潛能。

「我們邊做活動、邊觀察社區做統計再研究，因為這是一個舊區，匯集了不同的人，市民不只是特意來看戲，還有其他道路或公共空間使用者的需要我們都要顧及。例如早上九點或六點有甚麼人在使用？返工？放工？他們坐巴士或地鐵來？統統作為日後設計空間時的線索。」結果戲曲中心的新穎設計，為流線形幕牆式出入口，無門設計能保持通風，因此中庭不需冷氣；梯田設計讓人可坐下休憩。

西九又舉辦了另一個創新的大型的創意戶外藝術節「自由野」（Freespace），亦肩負同樣的功能。西九邀請來自本地及海外的表演單位在一片草地上演出，節目包括音樂、舞蹈、文本藝術、形體劇場及其他創意活動，成功建立了一個嶄新的表演舞台及公共空間，在草地上看表演對香港人而言是新鮮的體驗，也是西九預演和收風的最好時機。

此外，因為西九要建自己的碼頭，自由野也曾跟油麻地小輪合作試水溫。「要收集經驗，測試人流有多少、冬天有多凍、雨季渠道去水情況，都要實地加入人的元素作實地測試。」

「建設劇院不光是打造一個景點，一個殿堂級劇院，當然要有殿堂級內容。」性格決定命運？茹國烈認為，人與地標亦然，透過精心營造，一個有地方個性的文化建設能讓一個地方變得更親民、吸引和宜居。

— 西九大戲棚也是由茹國烈一手策劃。（圖片由西九文化區管理局提供）

Freespace 在二〇一九年六月開幕，其實茹國烈更早已利用西九的公共空間舉辦了無數活動，測試市民的喜好，現在已經成為年度的文化藝術家事件。（圖片由西九文化區管理局提供）

西九獨特之處是它的交通網絡都埋在地底，市民在地面可以隨心享受這城中的文化空間，欣賞香港罕見的「鹹蛋黃」日落，整個體驗就在戲曲中心開始。

Lifestyle

時裝資料館

匯聚舊生和同好

我同事形容時裝資料館是「由爛地變豪宅」。透過近距離觀賞及觸摸實體服飾，能了解設計背後的故事和細節，不但可以加深大家對 good style 和 good taste 的認識，也可以刺激大家創作上的靈感，吸引人來好好運用一個地方，發揮它的最大作用。

林綺妮

香港知專設計學院時裝資料館
HKDI Fashion Archive

總監

HKDI FASHION ARCHIVE

Tiu Keng Leng

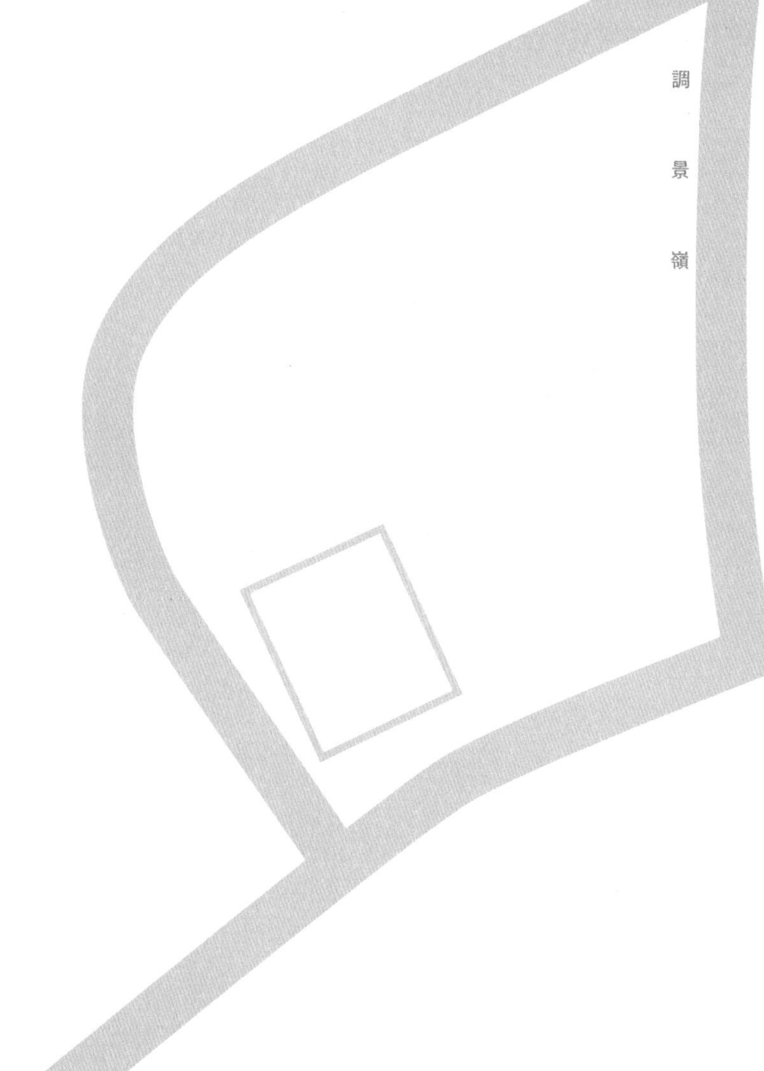

位於調景嶺、

設計新穎的香港知專設計學院（HKDI），

有個美輪美奐的時裝資料館（Fashion Archive）。

不只裝潢美，

而且內藏許多故事，

有關時裝與人的故事。

有燈就有人，有人就有故事，有故事就吸引其他人。地方營造最重要在於體驗，感受是不能被取代的。

三千六百平方呎的空間，展示了約一千五百件來自不同國家、橫跨十九世紀至現代的服飾。這些擁有悠久歷史的時尚珍藏，除了各個歐、美、日高級時裝品牌、近代名師出品，還有中、西經典服裝、鞋履和配件，包括維多利亞時期的服飾、清代官服、全手工刺繡的苗族服裝等，連已故戴安娜王妃於上世紀八十年代穿過的 cocktail dress 都有。

「時裝資料館好像立體時裝歷史書，用來啟發學生設計靈感，平時在雜誌或網上看到的時裝都是平面的，就算去到 fashion show 現場所看，都難以窺看設計師匠心的剪裁。在資料館，部分藏品我們會把它拆開，讓學生們深入了解各類型服裝的款式及手工，以備日後應用於時裝設計上，教育界很少有這類資料館。」HKDI 時裝及形象設計學系系主任林綺妮說，她同時是這個時裝資料館總監。

日本築波大學圖書資訊媒體學系副教授盧敬之博士的著作《文化新語：兩岸四地傑出圖書館、檔案館及博物館傑出工作者訪談》，便邀請了時裝資料館主任何浩德分享時裝資料館，以及作為一位 fashion archivist 的工作點滴，並把經驗記錄於書中，非常難得。

資料館開幕禮當日，學院邀得曾任日本著名服裝品牌三宅一生（Issey Miyake）的設計總監，現為 DAIFUJIWARA AND COMPANY 主席的藤原大（Dai Fujiwara）任開幕嘉賓。藤原大曾以一塊布完成整件衣服，配合電腦紡織的技術，把服裝的圖案和剪裁全都織在同一塊布上，加入著名的皺褶彈性布料，一度風靡全球。

開幕展覽名為「FASHIONLUTION 時裝 100 年」，透過運用新科技及互動的方式，帶給參觀者一個嶄新的角度去欣賞和感受時裝的發展歷史。

時裝是很入世的藝術，開幕禮後還設有論壇，邀請了徐濠縈、Harrison Wong、Wallace Kwan 等時尚達人出席，與在場人士一同探討時裝資料館及時裝教育趨勢、時裝界最潮動向、行業趨勢、本年度最新款設計和本地時裝設計未來發展等，反應熱烈。

無遠見等於浪費資源

地方營造的成功不在於硬件多美，而在於人有多願意流連。一個學院能做到學生願意親近，是很難得的事。「地方營造除了有人參與之外，更重要有視野（vision），如果無，也是浪費資源。」

— HKDI 時裝資料館內收藏過千件不同背景、年代、地區的服飾，當中包括設計師經典作品、歷史服飾系列等。

對於時裝愛好者和設計師而言，這是個非常難得的空間，最令林綺妮欣慰的是，資料館吸引了無數舊生回巢。「HKDI 為學生提供專業教育，他們完成兩年制課程後，作為跳板繼續進修。他們有些甚至到了美國、英國、法國及北歐等再進修。那代表甚麼？他們都樂意回來跟師弟妹分享，認同我們的貼心栽培，對學院有歸屬感。」

林綺妮憶述，時裝資料館開張後很受歡迎，成為學院的一個景點。每次有人來時，都要去參觀。「管理時裝資料館的同事說，每星期差不多有二十個參觀團，所以他可以把資料倒背如流，但其實資料是說不完的。因為在香港沒有類似的空間，所以這也是一個成功的項目。我們會繼續不斷發展，去配合現時社會的話題，或者學生需要去舉辦不同的活動及展覽。」

在二十一世紀，沒有一個界別可以單一發展，尤其是設計界。「譬如現在大家說 Smart City（智慧城市），即是在一個空間裡除了室內設計、產品設計，亦涉及科技和不同範疇。所以我們希望造就一個環境是學生在學習時，已經習慣這個方式去做功課，去和他人溝通，他們踏足社會時，就比較容易融合。」

這個闖出名堂的空間形成，可謂無心插柳。「根據我同事說，這是『由爛地變豪宅』。」林綺妮笑說。

「以前院校位於葵涌，地方比較舊和細小。大概在十年前，有位同事提議買一些衣服來教書。因為覺得除了看書，學生亦要確實了解剪裁，感受布料，看看結構是如何的，我們覺得不如慢慢收集。有一些是他人捐贈，有一些是大品牌知道是教育用途後以低價出售給我們，慢慢收集至差不多一千件衣服沒有位置擺放時，就塞在一間房裡。房間環境也不太好，有抽風、發霉等問題。我們費盡心機，想辦法去找一個比較大的空間。」林綺妮說。

向學校爭取空間，並承諾提供學生多元化學習體驗。「例如我們會舉辦很多活動，而且不只是給時裝設計學生。我們希望這個平台可以去影響其他身邊不同學系的學生，去了解時裝文化，因為文化很重要。」

二〇一〇年，林綺妮團隊終於成功爭取地方，就成立了時裝資料館，透過有代表性的時裝珍藏，作為教學及學習工具。二〇一七年九月，時裝資料館完成擴建及翻新工程，面積由四百呎擴展至三千六百呎。當中有一些設施方便了存取衣服，例如運用無線射頻識別（Radio Frequency Identification，RFID）技術，可以認到衣服的代號；當輸入代號後，衣服可以轉到面前，方便工作人員拿取。另外，在儲存空間裡有一些新的櫃，方便衣服平放或掛直。而且，不時會邀請一些專家來教導大家如何保養衣服。

「因為有一些衣服在很久前買回來，已經是『老人家』，要很小心存放，例如一些民族服飾，甚至龍袍。」林綺妮說，為妥善保存藏品，資料館的溫度及濕度要嚴控，室內溫度要維持在攝氏十七至十八度。學系導師會按課堂需要借出衣服，大家必須戴手套方可觸摸藏品。

地方營造要投入、有火

「我一班同事好投入，好有火。」林綺妮的同事，既是時裝發燒友，也是資料館的守護者，用心地把一點一滴的合用的資料保存整理，還不停研究資料庫怎樣運作，並帶出團隊背後的教學理念。在學院眾人努力下，營造了一個香港難得匯聚同好的空間，校方更從一名英國收藏家手中，購入館內收藏英國已故王妃戴安娜在上世紀八十年代穿過的 cocktail dress，大家都知道戴安娜王妃是一代的時尚 icon。

「資料館是一個教學平台，我們希望利用現有藏品，因應學生興趣，設計出不同類型的工作坊，讓他們不停回來學習。」時裝資料館主任何浩德補充說。

林綺妮續指，作為香港時裝及設計教育最大的高等教育機構，HKDI 一直希望激發更多參與時尚消費文化領域的學術成就及研究，學院曾舉辦不少具創意的時裝展覽，展品穿越古今中外，部分時尚物品有逾百年歷史，

包括 DDDenim 牛仔及生活文化展；早前還邀請到世界級著名博物館 Victoria & Albert Museum 的高級策展人 Sonnet Stanfill 來訪兩天，跟大家分享她的策展經驗和 V&A 未來的發展方向，還特意向時裝資料館的展覽及設施提供意見。

館藏是一方面，活動才能令一個地方旺起來。

林綺妮介紹指，時裝資料館團隊專門為一班修讀時裝歷史和時裝形象設計（Fashion Image Design）的一年級

上圖｜時裝資料館不時舉辦活動，而且不只給時裝設計學生。林綺妮希望這個平台可以影響其他身邊不同學系的學生，了解時裝文化，因為文化很重要。

學生設計了不同的時裝歷史工作坊。「按照學生每週課堂主題，精心挑選並準備不同年代極具代表性的服飾及配件藏品，同學來到除了可以近距離觀察服飾布料和設計細節之外，更加可以在時裝資料館專業團隊介紹下，了解更多服裝背後的有趣故事。」林綺妮娓娓道來。

最近，資料館做了一個網上意見收集，有趣是，來參觀的不只是修讀時裝設計，還有工程、電腦等等的同學。

校院是一個起點，成功的地方營造可以匯聚社區，時裝資料館曾於中環 PMQ 舉辦「牛仔節」活動，在深水埗舉辦時裝與社區的活動。「深水埗有一個布業商會，他們帶我們落區，與一些商舖洽談，可以開放空間給年輕人。牛仔節期間，大家可以在那裡佈置、舉辦活動和販賣東西。我們還在深水涉基隆街辦了 fashion show，令大家可以在當中一起玩，好像一個嘉年華。」

聯繫時裝及形象設計學系與業界專業人士合作，開發了一系列廣泛而實用的課程，包括時裝設計、時裝設計男裝、時裝形象設計、時裝品牌、時裝媒體設計和演藝造型設計，以迎合此節奏明快、充滿活力的全球行業策劃

及採購的需要，學系還與其他國際大學合作夥伴及教育機構建立了包括榮譽學位銜接課程在內的良好教育聯繫。

「我跟很多人分享，他們認為地方營造最大的難題是找人合作，以及找人來使用。這兩大難題都不是我們的問題，打造出一個地方更對我們收生有幫助。昔日大家標籤 HKDI 是成績較遜的學生才入讀，現在我們學系同學的作品及學習環境已媲美大學，未來我們會努力，服務

— 上圖｜「走出去」才能令一個設計空間更「入屋」，學院亦在社區不同地方開展覽，包括商場、展覽及圖書館。

— 時裝資料館亦旨在成為「時尚與消費文化研究中心」的骨幹，以館內珍藏為教學例子，讓使用者學習分析和欣賞不同年代的審美觀，如當舉辦牛仔時裝展覽。

對時裝有興趣人士。」

匯聚社區是時裝資料館的終極志願，HKDI Gallery 曾舉辦《葉錦添：藍ー藝術、服裝與記憶》展覽，呈現電影與時裝的關係，解讀電影美術指導及藝術家三十多年的心路歷程。此外，資料館也曾與 The Wool Lab 合作，設限定的羊毛資訊分享站，讓大家了解更多羊毛布料與紗線的最新資訊和樣本。

林綺妮在 HKDI 任教已有差不多十三四年。因為家人從事時裝行業，所以她亦修讀紡織設計。「當看到學生的成果，尤其是當他們獲獎時，得到他人認同，會很有滿足感。從小時候開始，我已經很重視漂亮的東西，喜歡穿搭，這是為何我可以在這行業從事這麼多年仍然繼續。」

HKDI 的地下有一條「設計大道」。它的設計四通八達，有不同的出入口，地方很大，而且沒有樓底限制。「我們有很多活動都在那裡舉辦，例如 fashion show，我覺得這個校園很 lively，因為我們還有其他學系。我見過有學生，在這裡拿著結他 busking。我聽過有些來賓說，這才是一間設計學校，因為給予他人有一個 lifestyle 的感覺。」談校園，林綺妮有無限心聲分享。

Fashion Design
1

好的公共藝術開展的不只是形式，而是重新建構人與人、人與地、地與歷史之間的關係，打造新型態的價值主張，使各地方社區建立屬於它自己的文化特色。

— 時裝資料館好像立體時裝歷史書，可讓學生近距離觀賞時裝珍品，學習剪裁技巧和啟發設計靈感。

林綺妮 | HKDI Fashion Archive

人車共融的交通網

城市穿梭新體驗

交通是地方營造的聯繫。我所提倡的，是用新科技與以人為本的設計（Human-Centric Design）把人帶到新的地方，令生活更充實。

蘇頌禮

CITYMAPPER

香港區總經理

十八區

「衣、食、住、行」組成了我們的生活，
地方營造就是圍繞生活的營造。
所以談地方營造不限於建築物，
怎能脫離「行」？運輸系統連接社區與地方，
好的營造當然還要包括便捷的交通網絡，
甚至交通本身已是地方營造的一個重要範疇。

「Placemaking 可以利用創意和設計，達到改善交通基建這結果，但同時也可以是原因，讓市民更快到達目的地，成為聯繫地方的一項營造。」實時交通路線資訊平台「Citymapper」香港區總經理蘇頌禮如是說。

香港是彈丸之地，交通網絡複雜極有限，但每每過海轉車也需要折騰一番。英國地圖程式 Citymapper 就瞄準香港交通密集的特點和潛力，二〇一五年正式登陸香港，分別在 Android 及 iOS 平台上推出中文版，利用公開資料（open data）為港人提供實時的點對點公共交通資訊。而把 Citymapper 帶來香港的，正是一直支持初創企業的蘇頌禮。

他的嗜好之一，是觀察人與人、人與物、人與街道空間互動形造成的有機空間（organic place）。

人造的互動有機空間

當今世上沒有一個大都會會讓一座偌大的監獄建在市中心，與民居近在咫尺。它名字依舊叫「大館」，但它已不再是域多利監獄的別名，經過保育已成為文化藝術的新匯點。一八四一年建造的老磚依舊，我們走在昔日死囚要經過押往刑場的「長命斜」，坐在有故事的芒果樹底下喝著港式奶茶，蘇頌禮有感而發。

「我懷念在倫敦的草地。打工仔的午飯時間不多，買便餐坐在鬧市草地上吃個午飯、透透氣，很減壓。假日大家也喜歡逛公園、坐草地，不用去很遠的地方，倫敦周圍都有公園。」在大館的晌午，不時見到父母帶子女來玩，讓蘇頌禮想起了倫敦。「中環石屎森林很少空間讓大家跑來跑去，大館在密集城市中心讓你可以去呼吸，同時又可以懷舊，有十六座歷史建築，是很有趣的地方營造。」蘇頌禮認為，大館的新舊合璧最讓他感興趣，所以拍照時也特意選了新大樓外牆作背景。

另一個地方營造的示範作，蘇頌禮推選大嶼山的愉景灣。「以前這裡只得渡輪，現在有高速公路和收費隧道，但為了維持愉景灣一貫『無車』的環境，目前只有提供居民服務的巴士、送貨或提供服務的貨車獲准利用該隧道及連接道路前往愉景灣；亦因如此，隧道每日流量極低。愉景灣離香港島不遠，更提供了一個以人為本的學校、會所的生活網絡，居民生活質素高。」

至於新、舊互融的地區營造交通界代表，蘇頌禮首推在香港有一百一十五年歷史的電車。「歸屬感是社區的連結，這是電車可以歷久不衰的原因。地方營造，就在於建構與培育人與所在環境的相互關係，社區活力的基礎。」

大多數公共空間都屬於有機進化而自然形成，四通八達的鐵路和車站亦然，建築群按交通樞紐的周邊形成。「香港山多，市民逼住在山腳，進行有限度的平地活動，所以香港的鐵路樞紐活動特別活躍，也是香港主要的公共交通工具。」

有時鐵路系統未必是點對點最快的交通工具，這是分秒必爭的香港人關心的。蘇頌禮在倫敦和紐約體驗過 Citymapper 後，決定在二〇一五年八月把 Citymapper 引入香港。到了現在，Citymapper 已成為目前全港最齊全的交通流動應用程式，覆蓋地鐵、巴士、電車、渡輪、小巴，更包括紅 van，幫助市民更有效的抵達目的地，他支持香港更有效地開放數據，讓設計和科技可以繼續改善人類生活。

「我們常說一個詞『體驗』，任何貨品或服務都好，體驗是很重要的。香港的交通雖然方便，但很多時也要接駁交通工具，單靠個別的公交的網站或程式，就無法得到轉乘資訊。」Citymapper 便集百家之大成，收集不同交通工具的公開資料，包括實時到站提示、港鐵月台、出入口位置等，為用家提供點對點的交通建議和比較。

他嘗試從「行」的角度入手，實試數據開放程度如何影響遊走城市的體驗。

現時許多交通工具也有自己的獨立應用程式，讓市民善用不同交通工具到目的地。「程式還會提醒用家月台哪個位置接近出口，亦有紅 van、渡輪資訊。即使遇上封路事件，程式也會即時提醒，並提供其他交通方案。」由於 Citymapper 已覆蓋全球三十九個城市，所以用家到外地旅行時亦可以使用。在部分地區，更可以查看市內共享汽車、單車的租用情況。

蘇頌禮回憶，Citymapper 打入香港市場的難度很高，香港的交通網絡雖四通八達，但鐵路、電車、巴士、的士及渡輪等運輸工具收費系統較複雜，部分更設有分段收費。「但香港在公開資訊方面則較落後，很多資訊都只為私人擁有。」其中以小巴的複雜程度最高，原因是「可以隨時嗌落車」，有時乘客亦可在上車時告知司機將提早在某地點下車並調整車資，故在建立數據庫時難度更高。他舉例說，澳洲悉尼有鐵路工會發起大罷工，因當地開放數據做得好，令不同交通應用程式可在短時間內取得最新的鐵路資訊並向市民發放，減低事件的影響。

加入紅 van 資訊是革命

「最困難是加入紅色小巴路線，因紅 van 政府無管制，可以去哪都得，所以我們在系統中輸入了二百多條紅色小巴路線。紅色小巴為何重要？因為像你要在晚上從西環去荃灣，或者蘭桂坊到旺角，最快當然是紅 van，所以我們展示深夜運行的紅色小巴實時路線，在香港算是一個革命。」

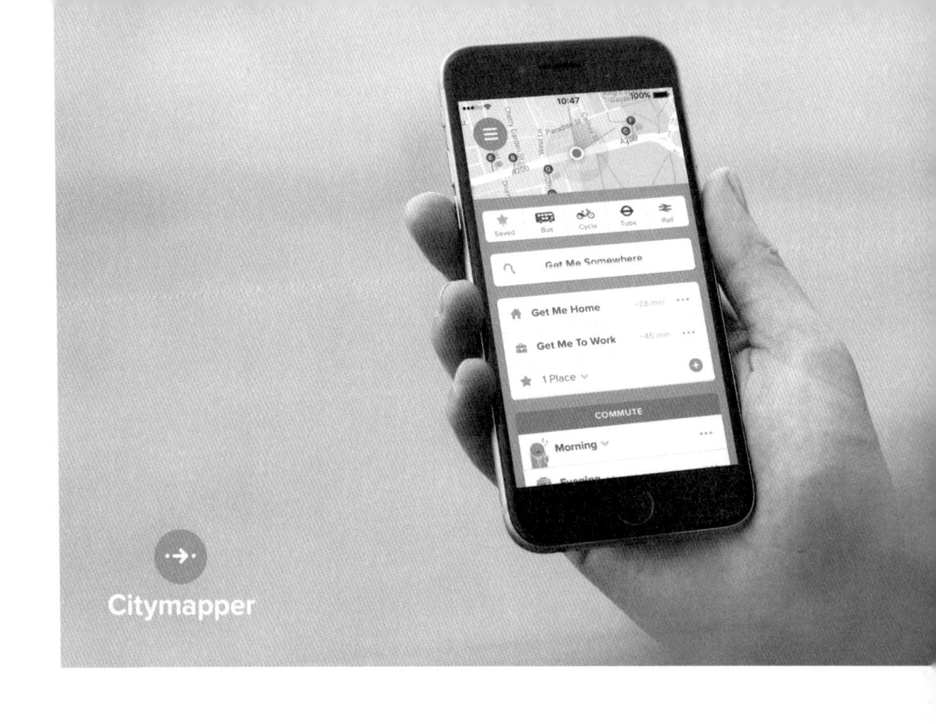

Citymapper 自二〇一一年推出以來，利用開放數據和以人為本的設計，致力幫助人們在複雜的城市內穿梭，但香港一直被批評開放數據政策不夠，令市民難以利用應用程式尋找其他出行路線。

重塑城市穿梭體驗

「香港是個立體的城市，意思是香港有許多行人天橋及地下隧道，我們不只教人坐交通工具，還會教人使用行人專用的工具。」開放數據，計劃行程可以就突發事件即時應變。但蘇頌禮形容，世界各地的數據開放已達到成

— 上圖｜蘇頌禮把 Citymapper 引入香港，他認為地方營造必須有一個跨領域的方向，交流是共享城市重要的工作，一直爭取香港開放公共交通數據。

熟與高質素並重，當香港仍停留在發佈交通工具路線、車站位置和價錢等時，香港實在望塵莫及。

蘇頌禮舉例說，去年超級颱風「山竹」襲港，翌日市民想上班卻束手無策，運輸署雖有實時更新交通情況，卻以大段文字交代，市民難以消化內容及追蹤最新變化，但如果以數據形式發放，市民便可直接在應用程式輸入起點及終點，可供使用的路徑或交通工具便一目了然。

二〇一五年《施政報告》中，時任行政長官加大力度將香港轉型為智慧城市，蘇頌禮提到，而他認為交通最容易讓市民感受智慧城市究竟是甚麼一回事。

易行城市　以行為本

他欣賞有人推動「易行城市」計劃，以中環及深水埗作為試點，鼓勵市民「以步當車」，減少短途汽車使用和碳排放，市民更可培養多步行的健康生活習慣，為減排出一分力。其中中環推出「行德」計劃，將由畢打街至西港城長 1.4 公里的德輔道中，改造成一個活力公共空間，包括在中上環開闢更多行人專用區，連結附近的文化地標，例如大館、PMQ、文武廟及其他乾貨店等，藉以形成一個文化社區，也通過一系列活動，連結重要的商業地帶和附近的文化遺產。

「易行城市」概念在世界各地大行其道，愈來愈多人關注馬路規劃「以車為本」的弊端。過去十年，本港私家車激增近五成，總數超過五十萬輛，全港各類汽車數目直逼八丨萬輛。推動「易行城市」建設，鼓勵市民「以步當車」，有助減少短途汽車使用和碳排放，市民更可培養多步行的健康生活習慣。

美國城市規劃專家斯佩克（Jeff Speck）提倡「易行城市」概念二十多年，被視為權威。他提出了易行城市必須加強單車基建配套，鼓勵市民多用單車代步，「易行城市」沿途亦要有充足林蔭和觀賞性，讓行人感到賞心悅目。

蘇頌禮先後獲得美國卡內基梅隆大學電機與電腦工程學士和碩士，以及美國哥倫比亞大學工商管理學碩士。自二〇〇九年，他積極參與建立香港初創企業界平台，在 Citymapper 之前，他共同創辦了一個為初創企業而建立的平台「啟動香港」，亦分別在科技和時尚領域開創了自己的事業。

改善香港市民的交通體驗，設計出以人為本的應用程式，改善交通辦法，一直是蘇頌禮想做的，故不斷升級 Citymapper 的功能，銳意做聯繫的工作。因為他相信，生活在宜居城市，市民理應能夠輕鬆自如地隨處遊走。

手機應用程式 Citymapper 與電車公司合作，推出冷氣電車實時定位資訊服務，只需使用該程式，便能追蹤到冷氣電車的所在位置。

他相信，生活在宜居城市，市民理應能夠輕鬆自如地隨處遊走。

蘇頌禮 | Citymapper

地方營造
讓人重新發現城市

「生活就是設計」。
以「設計思維」(design thinking)增添空間趣味，
同時可以為城市、經濟等領域
創造更大的社會價值。

香港設計中心主席嚴志明

設計師觀人觀地於微，奉旨細心。

那天在君悅酒店 high tea，嚴志明跟我聊起一個非常有趣的城市觀察。

「在英國的公園，外國小朋友會在草地玩碌地沙、奔跑，但香港小朋友見到草地會自動自覺避開繞路走，不敢踐踏草地。我們從小被人剝削這種體驗，究竟我們想要怎樣的生活？」嚴志明說起這其實幾可悲的「文化差異」時，提高了嗓門，肉緊之餘仍保持一貫的風度。

「踩草地不是很奢侈，踩單車返工返學在外國也很流行，但兩者在香港都不普及。」

公園明明是市民減壓的公共空間，在香港卻充斥著匪夷所思的規限：不准踏單車、不准滾軸溜冰、不准遛狗、不准玩球、不准唱歌、不准播放音樂、不准大叫、不准飲食、不准寫生、不准踐踏草地、不准合眼躺臥。「十不准」的限制媲美監獄守則，奇怪是香港人卻很認命地「守法」。

這說明了一個現實：你的城市如何，你的態度也必如何。活在「不准這、不准那」的框框中，香港人的想像力能 jump out of the box 嗎？地方營造影響公共空間的應用，也影響用家去體驗設計師打造的空間。

香港設計中心主席嚴志明畢業於英國劍橋，在英國和德國當過建築師，他同時又是傢具公司的老闆和設計師，慣了左腦右腦同時運作。建築，是一門講求文理兼融的學科，既需要對藝術、美學有一定認知，又要兼顧結構、工程、力學、聲學、光學甚至環境學等數理元素；行政總裁要睇數外也要訂立明確方向，公司才能可持續發展。

「每個人都應該有設計思維，智慧型城市要有智慧的小朋友。看一個城市，不是只看硬件，還有文化架構。中上環生態不停改變，現在晚上和週末無咁靜，甚至變成文化社區，因為 PMQ、大館、H Queens's 等先後開幕，加上一直存在的荷李活道古董街、畫廊林立的中環等等，個別及整體都能見到地方營造的痕跡。」嚴志明接著更以外國的例子，證明社區舊建築的「活化」，可以為市民帶來金錢也買不到的「體驗」，為城市注入活力。

創意調味　舊建築注新生命

「在英國工作，最深刻的地方營造個案是柯芬園（Covent Garden）。它原來是一個街市，但經過規劃後早已不是菜市場（wet market），而變成了文創熱點，吸引無數本地和外國遊客光臨。」

Covent Garden 最早曾是西敏寺修道院的土地，到了十七世紀逐漸變成果菜市場。圍城古建築四面都有文創商店或工作坊，近年還有不少品牌進駐，中間的有蓋廣場是公共空間，不時有街頭表演聚集人氣。週末風景又不一樣，中庭變身賣古董的市集，遊人又可以有尋寶的體驗。

一個不是賣魚與肉的街市，加上有溫度的設計，會有無限可能性。不知未來將被活化的中環街市又可會借鏡？

「古建築物保育後活化下來，仍可以看到整個社區或社會的縮影；本土年輕設計師的個性小店，看到當地人如何透過空間展示，突顯文化身份。」嚴志明補充說，Covent Garden 同時成功透過地方營造，讓旅客有不一樣的文藝旅遊體驗，從而認識當地人文化背景與歷史。

嚴志明還提到倫敦「市集群」肯頓市集（Camden Market），這個也是我每次到倫敦必去的景點。由六個大市集連結而成的 Camden Market 週末非常熱鬧，除了有梗舖售賣古董和各式各樣好玩東西外，週末也特別多地攤、由旅行車改裝而成的文創檔口，還有街頭表演和美食廣場，一家人可以在那裡消磨一整天，是非常好的生活體驗。

回憶是地方營造的建築材料

「不去商場逛名店，有時光顧這些特色小店，看到的世界完全不同，倫敦有很多二手傢具店或古著店，我喜歡在二手傢具店或二手書店尋寶。在特別的地方留低記憶，這些記憶會很深。」

香港也愈來愈多人舉辦露天市集，讓我們想起昔日上環大笪地的美好，一個空曠的多元空間販賣的，慢慢會變成回憶，草根的小確幸。「香港也有不少特色小店，我覺得政府也可把它們放進活化的項目中，讓群眾認識舊建築，體驗昔日大笪地的活力。」

以上提到的 Covent Garden、Camden Market，甚至已消失的香港大笪地，都有一個共通點——都是擁有人氣的公共空間，嚴志明認為這是地方營造的重要元素。

「無論徙置區、廉租屋、唐樓，走廊都是一個特色空間，一家人會在走廊開飯，小朋友在走廊玩耍，無油無鹽互相借用，公共空間是香港生活一部分。」

嚴志明說，地方營造對他而言是一個過程，亦是一個理念。「Placemaking 不只是設計或裝置，過程是需要大家用心去重新建造（recreate）、重新發明（reinvent）才行，這樣才可以把空間（space）變成地方（place）。」

「如何令大家重新想像，發掘一些已遺忘的回憶，令公共空間可以重新成為一個匯聚點（hub）？過程涉及在地的人，他們最清楚需要甚麼，在營造過程要了解社會性的元素、文化或經濟，不只是我想咁，或者又不切實際構想，最後的成果是把人與地方連結。」

他特別提到由旅遊事務署呈獻及香港設計中心主辦的——「設計 # 香港地」（Design District Hong Kong・#ddHK）創意旅遊項目，認為那是將創意思維融入社區的示範作。

#ddHK 是一個以創意及設計促進區域深度旅遊發展的三年創意企劃，為旅客及大眾提供全新的城市旅遊探索藍圖，同時體現香港設計中心以設計和創新來創造價值及改善社區生活質素的宗旨。

「地方營造就在於建構與培育人與所在環境的相互關係，繼而打造共享價值、社區能力、跨領域合作，令整個社區更有活力。」

二〇一九年以「Pop！靈感在轉角」為主題，「#ddHK 設計 # 香港地」集合在地設計師及藝術家，以原創的設計理念、富地區故事色彩的街道活動及裝置藝術等，精心策劃一個屬於香港的「城區設計廊」。

活動口號真實得來也頗浪漫：「穿梭大街小巷，發現靈感在轉角。」

設計思維注入社區，將公共空間變成「城區設計廊」（open-air design district gallery），作品及活動散落於灣仔及深水埗，推動兩區成為香港具活力的創意旅遊地區。

舊灣仔的城市變奏曲

在重點的灣仔區，由一八四〇年代舊灣仔海岸線出發，由南至北、東至西，涵蓋不同設計範疇，透過一系列由居民、文化及創意社區團體和組織、設計師及藝術家，以原創的設計理念、傳統工藝、獨特的建築及富地區故事色彩的街頭活動及裝置，連結區內不同「地道」據點。

嚴志明特別帶我到灣仔港灣消防局，說是去欣賞城市的變奏。「設計不應只在博物館私藏，在社區也能有化學作用。」

我細心觀察，發覺每道消防局的紅色風琴閘門，上面都由不同字體演繹「消防局 FIRE STATION」。「那是來自五位本地字體設計師的手筆，凸顯香港獨特的雙語設計，本土設計美學與殖民地風情來個 crossover。閘門是不是有點像舞台的紅色絨布幕？本來平平無奇的街道加上設計思維，行都行得開心啲啦。」

嚴志明回憶，計劃最初面對很大挑戰。「要畫消防局的風琴閘門機會罕有，要跟有關政府部門進行長時間的溝通。我們十分高興通過『#ddHK』創作先例，其他機構便可以此為基，於更多公共空間作出不同具創意嘗試，才可以百花齊放、共創（co-create）我們的城市。」

這是「#ddHK 設計 # 香港地」活動的其中一部分，灣仔是首個試點，多條街道、行人天橋、電車站等都有新貌，灣仔地鐵站通往稅務大樓的天橋天花板上有一幅約二百米長的作品，繪畫了香港的春夏秋冬。

設計不應只在博物館私藏，在社區也能有化學作用。

上圖｜港灣消防局的五道風琴閘門上面由不同字體設計演繹「消防局 FIRE STATION」，凸顯香港獨特的雙語設計，極具香港殖民地特色。作品由即日起展出至二〇二一年二月。

下圖｜嚴志明説，「設計 # 香港地」是將設計思維融入社區的示範作。「我十分樂見這類合作，匯聚各路創意單位，大家一齊發揮所長，令創意變得靈活有彈性。」

「天橋好多人行，但沒甚麼設計特色。於思考如何以設計提升城市宜居性期間，創意團隊跟街坊行過灣仔後山，發現其實城市和大自然是如此接近，因此靈機一觸，以本地動、植物作為主題，找了插畫家設計，在綠葉間更藏有灣仔地標建築和日常潮語，以設計展現香港城市特色之餘，亦令行人會心微笑。」

此外，香港藝術中心正門、藍屋附近、利東街街口和修頓遊樂場門口，地面現在都有融合該區特色的畫作，除了能美化社區，更具指路功能。「我們希望大家不要只顧低頭望手機，也關注一下我城。」嚴志明苦口婆心地說。

「#ddHK 是 creative placemaking 的示範。我們和一些灣仔街坊，一起去看看可以在灣仔公共空間做甚麼？以設計思維作切入點。街坊都認同，同一個空間和路線，加添了設計元素後，生活可能會更開心和輕鬆一些，而且能引發想像力。」

除了設計師和不同合作單位，還有街坊一齊參與，一起重新發現城市，再以全新角度，探索公共空間的可能性，共同創造更宜居的城市。

「改變、創造價值是地方營造的哲學，但能夠帶動市民重新發現城市空間的可塑性，從而一起共創社區，方為最珍貴的得著。」嚴志明總結說。

[責任編輯]
周怡玲

[書籍設計]
姚國豪

[協力]
林浚

[書名]
地方營造——重塑社區肌理的過去與未來

[策劃]
嚴志明、香港設計中心

[作者]
鄭天儀

[攝影]
黃溢僖

[出版]
三聯書店（香港）有限公司
香港北角英皇道四九九號北角工業大廈二十樓
Joint Publis hing (H.K.) Co., Ltd.
20/F., North Point Industrial Building,
499 King's Road, North Point, Hong Kong

[香港發行]
香港聯合書刊物流有限公司
香港新界大埔汀麗路三十六號三字樓

[印刷]
美雅印刷製本有限公司
香港九龍觀塘榮業街六號四樓A室

[版次]
二〇一九年十月香港第一版第一次印刷

[規格]
大三十二開（140mm × 210mm）二四八面

[國際書號]
ISBN 978-962-04-4546-0

三聯書店
http://jointpublishing.com

JPBooks.Plus
http://jpbooks.plus